高职高专数字媒体系列精编教材

主　编／王一如　王丽丽

副主编／杨振东　孟昭辉

After Effects CC

基础与案例教程

（微课版）

清华大学出版社

北京

内 容 简 介

本书是由长期从事影视后期特效教学的一线教师及企业专家团队合力编写而成，是一本体现校企深度融合、共同开发的校企合作教材。全书以 Adobe After Effects CC 软件为平台，将内容整合成多个影视后期特效制作模块，并基于项目化和成果导向理念编写而成。本书内容划分为 11 个教学模块，其中包括 9 个知识模块和 2 个综合案例模块。9 个知识模块包含影视合成初探、图层动画、影视文字特效、色彩调整、抠像技巧、三维空间、光效世界、粒子仿真、跟踪与稳定；2 个综合案例模块中，经典综合案例"长征"体现了课程思政融入课堂的新尝试，经典综合案例 MG 动画"环球之旅"体现了企业级影视项目的新应用。读者能够通过项目案例完成相关知识的学习和技能的提升，所有项目案例均经过编写团队精心打造，具有典型性、实用性、专业性和综合性。

本书适合作为职业性本科和高职高专院校数字媒体、动漫制作、影视多媒体技术等相关专业的教材，也可作为成人高等院校、各类培训、影视后期和动漫从业人员与爱好者的参考用书。

图书在版编目（CIP）数据

After Effects CC 基础与案例教程：微课版/王一如，王丽丽主编. —北京：清华大学出版社，2020.5
（2024.12 重印）

高职高专数字媒体系列精编教材

ISBN 978-7-302-55026-6

Ⅰ. ①A… Ⅱ. ①王… ②王… Ⅲ. ①图象处理软件—高等职业教育—教材 Ⅳ. ①TP391.413

中国版本图书馆 CIP 数据核字(2020)第 041219 号

责任编辑：张龙卿
封面设计：范春燕
责任校对：赵琳爽
责任印制：丛怀宇

出版发行：清华大学出版社
   网   址：https://www.tup.com.cn，https://www.wqxuetang.com
   地   址：北京清华大学学研大厦 A 座   邮 编：100084
   社 总 机：010-83470000   邮 购：010-62786544
   投稿与读者服务：010-62776969，c-service@tup.tsinghua.edu.cn
   质量反馈：010-62772015，zhiliang@tup.tsinghua.edu.cn
   课件下载：https://www.tup.com.cn，010-83470410
印 装 者：三河市龙大印装有限公司
经 销：全国新华书店
开 本：185mm×260mm 印 张：15.75 字 数：349 千字
版 次：2020 年 5 月第 1 版 印 次：2024 年 12 月第 10 次印刷
定 价：79.00 元

产品编号：078412-02

前　言

习近平总书记在党的"二十大"报告中指出：教育、科技、人才是全面建设社会主义现代化国家的基础性、战略性支撑；必须坚持科技是第一生产力、人才是第一资源、创新是第一动力；深入实施科教兴国战略、人才强国战略、创新驱动发展战略，这三大战略共同服务于创新型国家的建设。

在短视频时代，影视传播成为人们社交的新模式，影视制作成为众多从业人员的选择。同时，越来越多的影视作品的完美效果依赖于后期特效的加工和实现。After Effects 软件是 Adobe 公司推出的主流影视后期特效制作软件之一，其功能强大，特效令人震撼，被广泛应用于影视后期制作、电视栏目包装、特效制作、影视短片创作中，深受广大用户的喜爱。

目前，很多职业院校的数字媒体、动漫制作、影视多媒体等相关专业都将基于 After Effects 软件平台的影视后期特效作为一门重要的专业核心课程，影视制作技术成为影视动画人才培养必须具备的专业核心技能。

本书以中国共产党的"二十大"会议精神为指引，以立德树人为根本任务，突出职业教育类型定位，为构建技能型社会培养影视后期高技术技能人才。结合国家职业教育改革实施方案关于"三教改革"的要求，根据人才培养目标，将影视后期特效的必备技能划分为多个知识模块，以任务驱动、情境创设为出发点，基于成果导向理念，将知识和技能点融入精心设计的案例之中。本书内容由 11 个教学模块组成，包括 9 个知识模块和 2 个综合案例模块。

本书编写体例由"任务：边做边学"→"知识图谱"→"情境设计"→"拓展微课堂"→"单元小结"→"单元测试"等循序渐进的学习子模块组成，符合教学规律和学生学习的认知规律。

（1）"任务：边做边学"：将基本知识点融入典型案例中，让学习者在案例制作过程中循序渐进地学习知识技能。该部分重点讲解案例的制作过程和知识点的运用。

（2）"知识图谱"：针对知识模块涵盖的知识技能点进行分类整合，进一步讲解特效原理、操作方法、参数设置及效果呈现，内容由浅入深。

（3）"情境设计"：通过创设一定的情境，将知识和技能点融入情境案例中，并通过"情境创设"→"技术分析"→"项目实施"→"项目评价"的操作流程展开，以便提升学习者对知识的综合运用技能，锻炼学生的创作能力。

（4）"拓展微课堂"：通过该部分的内容将行业标准、前沿技术、流行元素等知识融入课堂，拓展学习者的知识面，激发他们的学习兴趣，提升他们的职业素养。

（5）"单元小结"：针对知识模块进行归纳、总结和提升。

（6）"单元测试"：设计一些简单的小知识类题目，检验学生对所学知识的掌握程度,为学生提出更高的创作要求。

本书具有以下特点。

(1) 编写体例新颖,符合学习规律。本书突出学生职业能力的培养,符合学习规律。从"任务:边做边学"部分入手,在做中学,强调实践性和知行合一;"知识图谱"部分将琐碎知识点进行有序整合;"情境设计"部分突出创意和综合作品的制作能力;"拓展微课堂"体现了注重复合型技术技能人才的培养意识。

(2) 有企业级项目支撑,案例精练,体现综合性。本书大部分案例来源于对企业级项目或省市级大赛案例的改编,同时也是省级精品资源共享课程建设成果的凝练,案例经过精挑细选,凸显专业性、综合性,有利于学生创新能力的培养。

(3) 本书素材丰富,配备完整的教学案例及素材。本书配备完善的教学案例包,包含案例素材、源文件、案例效果视频、教学 PPT、教学视频等,方便学习者学习和实践。为了便于教学,本书所有案例及相关资源都可以从清华大学出版社网站(http://www.tup.com.cn)的下载区免费下载。

(4) 立德树人,融入课程思政元素。坚持立德树人,注重培养德才兼备的技术技能人才,将课程思政元素通过综合案例"长征"融入教学案例中,将坚忍不拔、自强不息、勇往直前的长征精神潜移默化地传递给学习者。

(5) 拓展学习面,学习内容生动有趣。通过拓展微课堂环节,将课堂之外的前沿技术、行业动态、新概念新知识穿插在学生的学习过程中,从而不断提升学生学习中的趣味性。

本书汇集了教材编写团队多年来的教学实践和研究成果。本书由王一如、王丽丽担任主编,她们长期从事影视后期教学工作,经验丰富,开设有省级精品资源共享课,多次担任职业院校数字影音制作赛事专家,在信息化教学大赛中也有突出成绩。杨振东、孟昭辉担任副主编,他们作为企业名师工作室导师以及创新创业导师,多项影视作品在行业获奖,他们为本书的编写提供了丰富的案例素材,并将企业的先进创作理念和行业知识引入本书的编写过程中,同时他们的职业素养和工匠精神也十分让人敬佩。

由于编者水平有限,书中难免存在疏漏,敬请读者和专家指正。

编 者
2023 年 1 月

目　　录

模块1　影视合成初探

After Effects CC 是一款专业的影视后期制作软件,它功能强大,易学易用。本模块将介绍 After Effects CC 的基本工作流程、工作界面、图层操作、关键帧动画设置等内容。

⏱ 关键词

After Effects　工作流程　工作界面　图层　关键帧

⏱ 任务与目标

(1) 边做边学——"促销广告"。熟悉软件工作界面和工作流程。

(2) 知识图谱——掌握图层操作、关键帧设置等基础知识。

(3) 情境设计——"水晶球"。熟练掌握特效添加、关键帧设置等操作。

⏱ 二维码扫描

可扫描以下二维码观看本模块教学视频。

促销广告

水晶球

1.1　任务:边做边学——"促销广告"

1.1.1　任务描述

借助于 After Effects CC 软件的关键帧技术可以制作丰富多彩的动画效果,本案例将 Photoshop 分层文件导入 After Effects CC 软件中,为其设置关键帧动画,完成促销广告的制作,效果如图 1-1 所示。

图 1-1　促销广告

1.1.2 任务目标

本任务将 Photoshop 分层文件以合成的形式导入，分别为各图层文件设置关键帧，制作出各个图形元素旋转、缩放、位移等不同的动画效果。

1.1.3 任务分析

第一步，导入素材；第二步，动画设置，这一步是本案例的核心；第三步，添加音乐；第四步，渲染输出。

1.1.4 任务实施

1. 导入素材

运行 After Effects CC 软件，按 Ctrl+I 组合键，在弹出的"导入文件"面板中选择素材文件"双 12 促销 .psd"，然后在如图 1-2 所示的对话框中将"导入种类"设置为"合成 - 保持图层大小"，此时素材文件将会以合成动画的形式导入软件中，如图 1-3 所示。

双击"项目"面板中的合成文件"双 12 促销"，即可在"时间轴"面板中将其打开，并显示所有的图层，可以分别为这些图层设置不同的动画效果。按 Ctrl+K 组合键，打开"合成设置"面板，将"持续时间"修改为 0 :00 :08 :00，如图 1-4 所示。

图 1-2　导入设置

图 1-3　"项目"面板

2. 动画设置

画面图案的缩放动画：选择"时间轴"面板中的"左角"图层，按 S 键展开图层的"缩放"属性，将时间线指示器放置在第 0 :00 :01 :10 帧，设置"缩放"属性的值为 0，并单击"缩放"左侧的时间变化秒表 ，为它添加一个关键帧；在第 0 :00 :02 :20 帧，将"缩放"属性的值修改为"100.0，100.0%"，则在该处自动添加 1 个关键帧，如图 1-5 所示。预览动画，我们会发现图案并不是从画面左下角开始放大的，此时需要调整图案的锚点。选择工具栏中的"锚点"工具 ，第 0 :00 :02 :20 帧时，在"合成"窗口中将图案的锚点调整到画面的左下角，如图 1-6 所示。

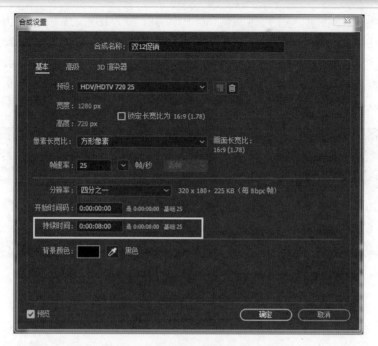

图 1-4　修改合成动画的持续时间

图 1-5　添加"缩放"关键帧

图 1-6　调整图案的锚点

跳伞图层位移动画：选择"时间轴"面板中的"跳伞"图层，按 P 键，展开图层的"位置"属性，在第 0∶00∶01∶00 帧，将它的"位置"属性值设置为"-124.0，528.0"，并添加关键帧；在第 0∶00∶02∶00 帧、第 0∶00∶03∶00 帧、第 0∶00∶04∶00 帧、第 0∶00∶05∶00 帧，分别设置"位置"属性值为"231.0，402.0""529.0，149.0""863.0，58.0""1070.0，-123.0"，如图 1-7 所示。

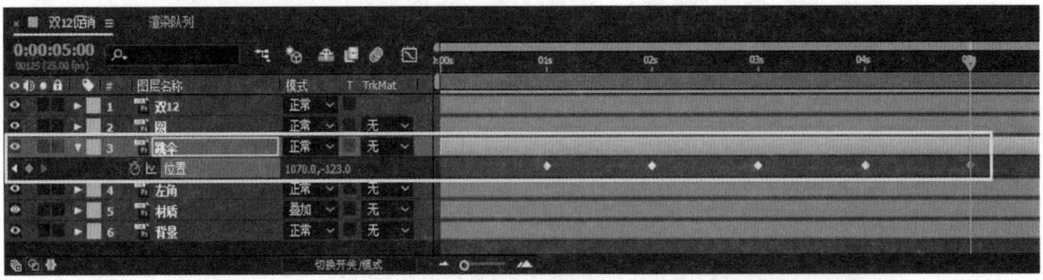

图 1-7　添加"位置"关键帧

圆形图案缩放和旋转动画：选择"时间轴"面板中的"圆"图层，按 S 键，展开图层的"缩放"属性；按住 Shift 键的同时按 R 键，展开它的"旋转"属性，此时可以同时显示这两个属性。在第 0∶00∶03∶15 帧，设置图层的"缩放"值为 0，并添加关键帧；在第 0∶00∶05∶00 帧，将"缩放"值修改为"100.0，100.0%"；在第 0∶00∶05∶00 帧，设置该图层的"旋转"值为 0°，并添加关键帧；在第 0∶00∶07∶24 帧，将"旋转"值修改为（1x，+0.0°），即 1 圈，如图 1-8 所示。

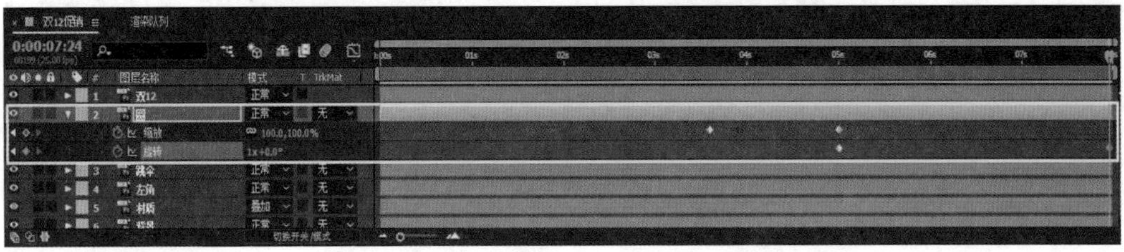

图 1-8　添加"缩放"和"旋转"关键帧

文字缩放动画：选择"时间轴"面板中的"双 12"图层，按 S 键，展开图层的"缩放"属性，在第 0∶00∶05∶00 帧，将它的"缩放"值设置为 0，并添加关键帧；在第 0∶00∶05∶20 帧、第 0∶00∶06∶02 帧、第 0∶00∶06∶07 帧、第 0∶00∶06∶10 帧、第 0∶00∶06∶12 帧，分别将"缩放"值修改为"120.0，120.0%""85.0，85.0%""110.0，110.0%""95.0，95.0%""100.0，100.0%"，如图 1-9 所示。

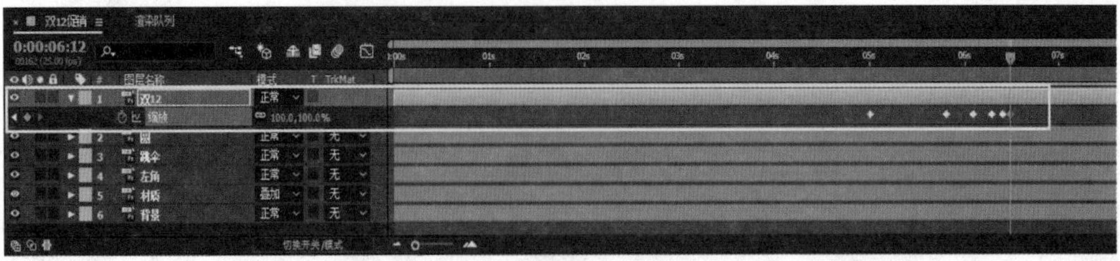

图 1-9　添加缩放关键帧

提示

在 After Effects CC 中可以使用快捷键方便地调出图层的各个属性,这些快捷键大小写均可。常用的快捷键如下。

A:锚点;P:位置;S:缩放;R:旋转;T:不透明度。

3.　添加音乐

在"项目"面板中双击,或按 Ctrl+I 组合键,导入素材文件"背景音乐.mp3",将其拖动到"时间轴"面板中,从而将音乐添加到合成文件中。

4.　渲染输出

在"时间轴"面板中选择合成文件"双 12 促销",按 Ctrl+M 组合键,将其添加到"渲染队列"面板中。在这个面板中可以设置渲染输出的文件格式、保存路径、文件名称等。设置完成后,单击"渲染"按钮即可,如图 1-10 所示。

图 1-10　渲染设置

1.1.5　任务评价

本案例比较简单,主要是为了让学生熟悉 After Effects CC 的工作界面和工作流程。通过简单动画的制作,掌握导入素材、修改属性、设置关键帧等基本操作。

1.2　知 识 图 谱

1.2.1　After Effects CC 的基本工作流程

使用 After Effects CC 软件进行影视后期制作时,无论是制作一个简单的动画,还是创建复杂的特效,都需要遵循基本的工作流程。After Effects CC 的主要工作流程包括以下几个步骤。

1.　导入和管理素材

After Effects CC 可以对视频、音频、图片等多种素材进行操作,但是需要先把它们导入"项目"面板中。导入素材有以下几种方法。

- 使用 Ctrl+I 组合键。
- 选择"文件"→"导入"→"文件"命令。
- 双击"项目"面板的空白处。
- 从资源管理器中将素材直接拖动到"项目"面板中。

当导入的素材比较多时,为了便于管理,可以单击"项目"面板下方的"新建文件夹"按钮▣创建文件夹,对素材进行分类管理,如图1-11所示。

2. 创建合成和排列图层

在After Effects CC软件中,所有的动画和特效都是在"合成"中完成的,它就类似于一个容器,可以包含一个或多个图层,它们排列在"合成"窗口和"时间轴"面板中。"合成"同时具有空间尺寸(画面尺寸大小)和时间尺度(时间长度)。创建"合成"有以下几种方法。

- 使用Ctrl+N组合键。
- 选择"合成"→"新建合成"命令。
- 将"项目"面板中的素材直接拖动到"新建合成"按钮▣上。

图 1-11　导入与管理素材

📑 提示

使用前两种方法创建"合成"时,会弹出如图1-12所示的"合成设置"对话框,可以设置"合成"的名称、画面尺寸大小、像素长宽比、帧速率、时间长度等参数。

使用第三种方法创建"合成"时,"合成"的尺寸是由所选素材的尺寸决定的。

图 1-12　"合成设置"对话框

"合成"可以包含任意数量的图层,也可以将"合成"作为一个单独的图层包含在另一个"合成"内,这称为嵌套。

3．添加特效和设置关键帧动画

在 After Effects CC 中,借助关键帧和表达式可以对图层的位置、缩放、旋转、不透明度等属性设置动画。

After Effects CC 提供了数百种特效和动画预设,可以为素材图层添加一个或多个特效。有些特效可以直接使用默认的参数,有些则需要设置相应参数的关键帧才能产生动态特效效果。可以在"效果"菜单下选择相应的特效,也可以在"效果和预设"面板中选择相应的动画预设和特效。

提示

除了使用 After Effects CC 自带的特效之外,还可以为它安装外挂的插件,一般需要安装到 After Effects CC 软件安装目录下的 Plug-ins 文件夹中。

4．渲染输出

渲染输出视频是后期合成的最后一个环节,在"项目"面板中选择"合成"或激活"时间轴"面板,再选择"合成"→"添加到渲染队列"命令(或使用 Ctrl+M 组合键),就可以将选定的"合成"添加到渲染队列中,如图 1-13 所示。可以设置相应的参数并选择文件的输出路径和名称。

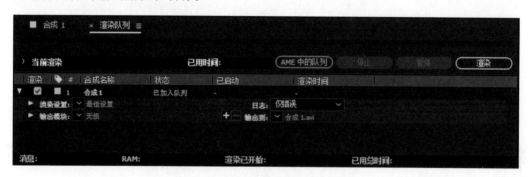

图 1-13　渲染队列

1.2.2　After Effects CC 的工作界面

After Effects CC 的工作界面主要由标题栏、菜单栏、工具栏、"合成"窗口、"项目"面板、"时间轴"面板、"信息"面板、"预览"面板、"效果和预设"面板等组成,如图 1-14 所示。

1．界面主要组成部分介绍

(1)标题栏:用于显示文件的名称。

(2)菜单栏:它包含了软件全部功能的命令操作,After Effects CC 提供了"文件""编辑""合成""图层""效果""动画""视图""窗口""帮助"九项菜单。

(3)工具栏:它包含了经常使用的工具,包括选取工具、手形工具、缩放工具、旋转工具、矩形工具、钢笔工具、横排文本工具等。有些工具按钮不是单独的,在其右下角有三角形标记的都含有多重工具选项。

(4)"项目"面板:该面板是 After Effects CC 软件中最重要的面板之一,它用来存放项目文件中的素材和"合成",并且对这些文件进行管理。

标题栏 菜单栏 工具栏　　　　　　　"合成"窗口　　　　　　　　　　　　　　　"信息"面板　　　　"预览"面板

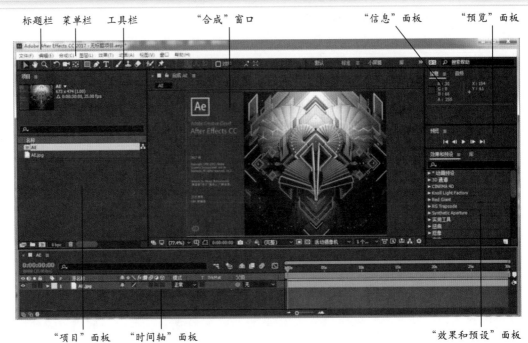

"项目"面板　　"时间轴"面板　　　　　　　　　　　　　　　　　　　　　"效果和预设"面板

图 1-14　After Effects CC 的工作界面

(5)"合成"窗口：该窗口占用了整个软件界面较大的空间,主要用来编辑素材和显示素材组合特效处理后的合成画面。

(6)"时间轴"面板：该面板主要用于管理层的顺序和制作关键帧动画,还可以精确设置"合成"中各种素材的位置、时间、特效、属性、叠加方式、"合成"的工作区域等。

(7)"信息"面板：该面板主要用来显示当前鼠标光标所在位置的颜色信息和 X、Y 坐标轴的数值,并且会显示当前素材的入点、出点和持续时间。

(8)"预览"面板：该面板包含一些在"合成"窗口中播放视频的控件和参数,可以对项目的编辑结果进行预览、回放等。

(9)"效果和预设"面板：该面板存放了软件提供的所有效果和预设。在添加特效时,只要在特效库中找到需要的特效,直接拖放到指定的素材上即可。

2．调整界面布局

After Effects CC 的面板比较灵活,用户可以根据自己的特殊需要自由调整界面布局。After Effects CC 提供了多种预设好的界面,用户可以选择"窗口"→"工作区"子菜单,在它的下拉菜单中选择命令直接调用这些界面,如图 1-15 所示,这样可以快速调整 After Effects CC 软件的布局。在该下拉菜单中,用户还可以执行"将'标准'重置为已保存的布局""保存对此工作区所做的更改""另存为新工作区""编辑工作区"等操作。

用户可以通过用鼠标拖动的方式手动调整界面区域的大小。

(1)将鼠标光标放在两个窗口之间时,鼠标光标形状会发生变化,此时按住鼠标左键上下或左右拖动可以改变两个窗口的大小。

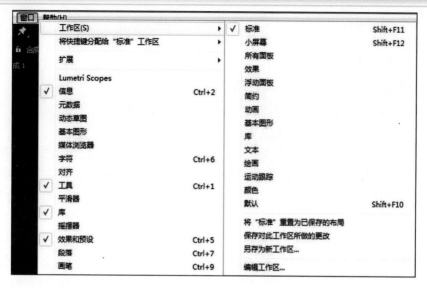

图 1-15 "工作区"下拉菜单

（2）将鼠标光标放在三个窗口之间时,鼠标光标形状会发生变化,此时按住鼠标左键上下或左右拖动可以改变三个窗口的大小。

1.2.3　图层操作

在 After Effects CC 中,图层是一个非常重要的概念,是用户的直接操作对象。在"时间轴"面板中,图层按照从上向下的顺序依次排列,上一层的内容将遮住下一层的内容。还可以借助轨道遮罩、蒙版、图层混合模式等设置图层与图层之间复杂的组合关系。

1．创建图层

（1）选择"图层"→"新建"子菜单,在其下拉菜单的命令中选择想要创建的图层类型,如图 1-16 所示。

图 1-16　新建图层

（2）使用组合键：可以使用组合键直接创建相应的图层,创建各种图层的组合键说明如下。

- 新建文本层：Ctrl+Alt+Shift+T
- 新建纯色层：Ctrl+Y
- 新建灯光层：Ctrl+Alt+Shift+L

- 新建摄像机：Ctrl+Alt+Shift+C
- 新建空对象：Ctrl+Alt+Shift+Y
- 新建调整图层：Ctrl+Alt+Y

2．选择图层

（1）选择单个图层：在"时间轴"面板或"合成"窗口中单击目标层即可。

（2）选择多个图层可以使用以下方法。

- 框选：在"时间轴"面板左侧的列表区域内按住鼠标左键可直接框选图层。
- 选择多个连续的图层：使用 Shift 键配合鼠标单击，可以选择多个连续的图层。
- 选择多个不连续的图层：使用 Ctrl 键配合鼠标单击，可以选择多个不连续的图层。

（3）选择全部图层：选择"编辑"→"全选"命令（组合键为 Ctrl+A），可以选择所有的图层。选择"编辑"→"取消全部选择"命令（组合键为 Ctrl+Shift+A），或者单击"时间轴"面板中的任意空白区域，可以将选中的图层全部取消。

3．调整图层顺序

（1）使用鼠标拖动的方式：在"时间轴"面板中选择图层，直接拖动到适当的位置，即可改变图层顺序。

（2）使用菜单命令或组合键移动：在"时间轴"面板中选择想要调整顺序的图层，然后可执行以下操作。

- 选择"图层"→"排列"→"将图层置于顶层"命令（组合键为 Ctrl+Shift+]），将图层移动到最顶层。
- 选择"图层"→"排列"→"使图层前移一层"命令（组合键为 Ctrl+]），将图层向上移动一层。
- 选择"图层"→"排列"→"使图层后移一层"命令（组合键为 Ctrl+[），将图层向下移动一层。
- 选择"图层"→"排列"→"将图层置于底层"命令（组合键为 Ctrl+Shift+[），将图层移动到最底层。

4．复制图层

（1）在当前"合成"中复制图层：选择需要复制的图层，按 Ctrl+D 组合键即可在当前合成的当前位置复制一个图层。

（2）在不同"合成"中复制图层：选择需要复制的图层，按 Ctrl+C 组合键进行复制，然后在另一个"合成"中按 Ctrl+V 组合键粘贴，即可将当前"合成"中的某个图层复制到其他"合成"中。

5．合并多个图层（预合成）

在 After Effects CC 软件中，合并图层有以下三种方法。

（1）在"时间轴"面板中选择需要合并的图层，选择"图层"→"预合成"命令。

（2）在"时间轴"面板中选择需要合并的图层，按 Ctrl+Shift+C 组合键。

（3）在"时间轴"面板中选择需要合并的图层，在图层上右击，在弹出的快捷菜单中选择"预合成"命令，如图 1-17 所示。

合并后的图层将会以一个新"合成"的形式存在,如图 1-18 所示。

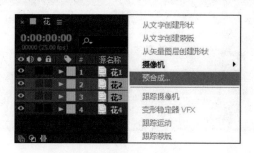

图 1-17　合并图层

图 1-18　合并图层后的新"合成"

6．分割图层

在 After Effects CC 软件中可以将"时间轴"面板中的图层在任何时间节点进行分割,有以下两种方法。

(1) 选择需要分割的图层,将时间线指示器移动到需要分割的位置,选择"编辑"→"拆分图层"命令。

(2) 选择需要分割的图层,将时间线指示器移动到需要分割的位置,按Ctrl+Shift+D 组合键。

1.2.4　关键帧动画

与 Flash、Premiere Pro 等软件相似,在 After Effects CC 软件中制作动画也是通过关键帧来实现的。

1．添加关键帧

在 After Effects CC 软件中为图层的某一属性添加关键帧的操作步骤如下。

(1) 在"时间轴"面板中选择需要添加关键帧的图层,然后找到要添加关键帧的属性。

(2) 将时间线指示器移动到需要添加关键帧的位置,单击该属性左侧的时间变化秒表，此时时间变化秒表形状变为，软件会自动添加一个关键帧,如图 1-19所示。

(3) 将时间线指示器移动到要添加下一个关键帧的位置,修改该属性的参数,系统自动在该位置添加了关键帧,如图 1-20 所示。

图 1-19 添加第一个关键帧

图 1-20 添加第二个关键帧

提示

如果要添加一个与上一个关键帧属性值相同的关键帧，可以将时间线指示器移动到需要添加关键帧的位置，然后单击"添加关键帧"按钮 ，该按钮的状态变为 ，系统会在该时间点上添加一个关键帧，该关键帧的属性值与上一个关键帧属性值相同，如图 1-21 所示。

图 1-21 添加一个与上一个关键帧属性值相同的关键帧

2．选择关键帧

（1）选择一个关键帧：在"时间轴"面板中单击关键帧图标，使其变成实心状态，如图 1-22 所示。

（2）选择多个关键帧：按住 Shift 键的同时单击鼠标左键，在"时间轴"面板中即可选择多个关键帧；也可以用鼠标拖动出一个矩形区域，矩形区域内的关键帧都会被选中，如图 1-23 所示。

图 1-22 选择一个关键帧

图 1-23 框选关键帧

（3）选择一个图层某个属性中所有的关键帧：单击需要选择关键帧的属性的名称，即可选择该属性所包含的所有关键帧，如图 1-24 所示。

图 1-24 选择一个图层某个属性中所有的关键帧

3．移动关键帧

在"时间轴"面板中选择需要移动的关键帧，直接用鼠标将其拖动到目标位置即可。

4．复制关键帧

在 After Effects CC 中进行合成时，有时需要重复设置相同的参数，此时采用复制关键帧的方法可以大大提高工作效率。关键帧的复制和粘贴可以在同一图层同一参数的不同时间点上进行，也可以在不同的图层上进行，即可以把一个图层上的关键帧复制到另一个图层上。复制关键帧的操作步骤如下。

（1）在"时间轴"面板中选择需要复制的关键帧。

（2）选择"编辑"→"复制"命令或按 Ctrl+C 组合键，复制关键帧。

（3）在"时间轴"面板中选择目标层，移动时间线指示器到需要粘贴关键帧的位置。

（4）选择"编辑"→"粘贴"命令或按 Ctrl+V 组合键,粘贴关键帧。

5．删除关键帧

当设置了错误的关键帧或不再需要某个关键帧时,可以将其删除,删除关键帧有以下几种方法。

（1）选择需要删除的一个或多个关键帧,按 Delete 键,即可将其删除。

（2）选择需要删除的一个或多个关键帧,选择"编辑"→"清除"命令,进行删除操作。

（3）把时间线指示器定位在需要删除的关键帧上,此时"添加关键帧"按钮◆为实色显示,单击该按钮使其恢复为灰色即可。

（4）如果要删除图层某一属性的所有关键帧,可以单击属性名称,选择该属性所有的关键帧,然后按 Delete 键;或者单击属性名称左侧的"添加关键帧"按钮◆,将其关闭,也可以删除该属性所有的关键帧。

6．关键帧导航

当"时间轴"面板中有多个关键帧时,可以借助关键帧导航器实现在关键帧之间的快速跳转,单击◀按钮可以跳转到前一个关键帧,单击▶按钮可以跳转到下一个关键帧,如图 1-25 所示。

图 1-25　关键帧导航

1.3　情境设计——"水晶球"

1.3.1　情境创设

水晶球因其晶莹透明、温润素净的特点而受到人们的喜爱,它经常出现在魔幻电影中,被认为可以占卜吉凶、预测未来。在此项目中,我们设计一个情境,提供素材图片,利用 After Effects CC 软件来制作水晶球效果。

此项目的重点是制作水晶球的透明质感,为了增加它的梦幻色彩,还加入了旋转和下雪的效果,并制作了倒影。

水晶球效果如图 1-26 所示。

1.3.2　技术分析

首先,利用 CC Sphere 特效制作透明的三维球体效果。

其次,综合运用蒙版、图层混合模式、轨道遮罩等操作制作水晶球表面的环境反射效果。

图 1-26 水晶球效果

最后,进一步完善水晶球的效果,调整颜色、加入下雪效果、制作倒影等。

1.3.3 项目实施

1．新建"合成"

运行 After Effects CC 软件,按 Ctrl+N 组合键,新建"合成",命名为"球体"。设置"预设"为"HDV/HDTV 720 25","持续时间"为 0：00：10：00,"背景色"为黑色。导入素材图片,并将"贴图 01.jpg"拖动到"时间轴"面板中。

2．制作透明球体

选择图层"贴图 01.jpg",选择"效果"→"透视"→ CC Sphere 命令,为图层添加 CC Sphere 特效。在"效果控件"面板中展开 CC Sphere 特效的 Rotation 属性,在第 0：00：00：00 帧为 Rotation Y 添加关键帧,如图 1-27 所示;移动时间线指示器到第 0：00：09：24 帧,修改 Rotation Y 的值为"2x+0.0°",从而制作球体的旋转效果,如图 1-28 所示。将 Render 修改为 Inside;展开 Shading 属性,修改 Ambient 的值为 100.0,Diffuse 的值为 30.0,如图 1-29 所示。

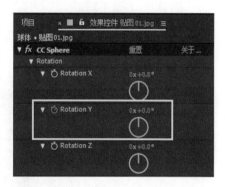

图 1-27 为 Rotation Y 添加第一个
关键帧

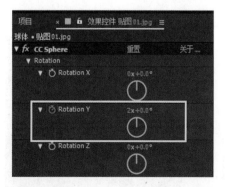

图 1-28 为 Rotation Y 添加第二个关键帧

图 1-29 设置其他参数

选择图层"贴图 01.jpg",按 Enter 键,将其重命名为"内侧",然后按 Ctrl+D 组合键复制一份,将复制的图层重命名为"外侧",并将 Render 修改为 Outside,图层混合模式修改为"屏幕",如图 1-30 和图 1-31 所示。

图 1-30　复制出"外侧"图层

图 1-31　修改 Render 参数

3. 制作环境贴图

将素材"贴图 02.jpg"拖动到"时间轴"面板中,将其位置向左稍微调整,"位置"属性值设为"0.0,360.0";在第 0:00:00:00 帧为其添加位置关键帧,然后在第 0:00:09:24 帧修改图片的"位置"属性值为"1300.0,360.0",从而制作出图片从左向右移动的位移动画。选择图层"贴图 02.jpg",按 Ctrl+Shift+C 组合键进行预合成,命名为"贴图",并关闭它的显示属性,如图 1-32 和图 1-33 所示。

选择图层"外侧",按 Ctrl+D 组合键将其复制一层,然后将 CC Sphere 特效的 Shading 属性中的 Reflective 修改为 100.0,Reflection Map 设置为图层"贴图",如图 1-34 所示。

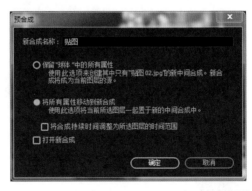

图 1-32　预合成

图 1-33　关闭显示

图 1-34　设置反射贴图

按 Ctrl+Y 组合键新建一个纯色图层,颜色为黑色,并将它拖动到图层"外侧 2"的上方。选择椭圆蒙版工具,按住 Shift 键为纯色图层绘制一个圆形蒙版,按 F 键调出"蒙版羽化"属性,将它的数值设置为"100.0,100.0 像素"。

选择图层"外侧 2",将它的"轨道遮罩 TrkMat"设置为"Alpha 反转遮罩""[黑色 纯色1]",如图 1-35 所示。将这两个图层再分别复制一份,并调整正确的图层顺序,从而制作出球体中心通透、四周有环境反射的效果,如图 1-36 所示。

图 1-35　复制图层

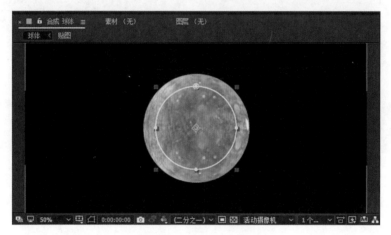

图 1-36　球体通透效果

4.调整颜色

按 Ctrl+Alt+Y 组合键新建一个调整图层,并使它处于合成的最上层。选择"效果"→"颜色校正"→"色调"命令,为调整图层添加一个色调效果,参数保持默认,如图 1-37 所示。继续选择"效果"→"颜色校正"→"曲线"命令,分别调整RGB、红色、绿色、蓝色各通道的曲线,设置自己喜欢的颜色,如图 1-38 所示。

5.将球体下半部分调亮

按 Ctrl+Y 组合键新建一个纯色图层,颜色为白色。选择图层"内侧",按 Ctrl+D组合键将其复制一份,然后拖动到最上层。选择新建的纯色图层,将它的"轨道遮罩TrkMat"设置为"Alpha 遮罩'内侧 2'",选择纯色图层,为其绘制一个椭圆蒙版,并将"模式"设置为"相减",如图 1-39 所示。

图 1-37　添加色调效果

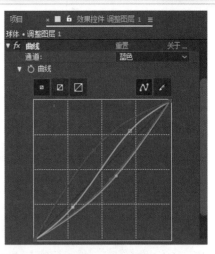

图 1-38　调整曲线

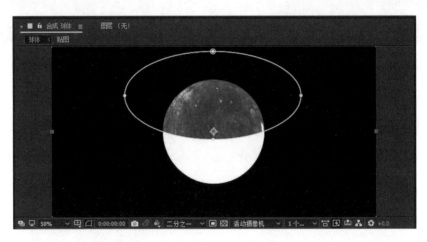

图 1-39　绘制蒙版

　　将该蒙版复制一份,选中"反转"复选框,并设置"蒙版2"的"蒙版羽化"值为"170.0,170.0 像素",然后将该图层的"混合模式"设置为"叠加",如图 1-40 所示。

图 1-40　设置羽化效果

6.添加下雪效果

按 Ctrl+Y 组合键新建一个纯色图层,颜色为黑色,将它拖动到"时间轴"面板的最底层。选择"效果"→"模拟"→ CC Snowfall 命令,为纯色图层添加一个下雪效果,修改 Flakes 为 5000,Size 为 15.0,Opacity 为 100.0,如图 1-41 所示。继续选择"效果"→"扭曲"→"光学补偿"命令,为纯色图层添加一个"光学补偿"特效,修改"视场(FOV)"的值为 150.0,如图 1-42 所示。将图层"内侧"的"混合模式"修改为"相加"。

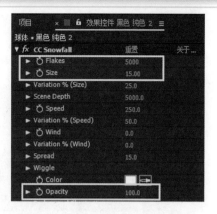

图 1-41　修改 CC Snowfall 的参数

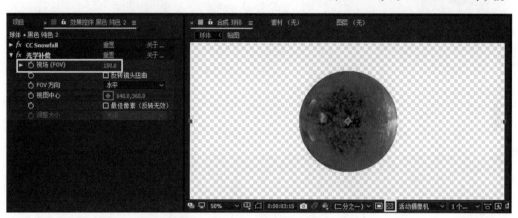

图 1-42　修改"光学补偿"特效的参数

📑 提示

调整"光学补偿"特效的参数时,为了方便观察,可以暂时把"合成"窗口设置为透明网格显示。

7.制作倒影效果

按 Ctrl+N 组合键新建一个合成,命名为"最终",其他参数保持默认。按 Ctrl+Y 组合键新建一个纯色图层,命名为"背景",颜色设置为白色。按 Ctrl+Y 组合键再创建一个纯色图层,命名为"地面",选择"效果"→"生成"→"梯度渐变"命令,为纯色图层添加白色到浅灰色的线性渐变,如图 1-43 所示。单击"3D 图层"按钮 🧊,将图层转换为三维层,并修改"位置""缩放""方向"等相关参数,如图 1-44 所示。

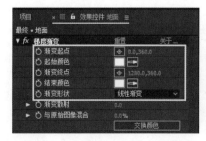

图 1-43　修改"梯度渐变"特效的参数

图 1-44　将图层转换为三维层

将"项目"面板中的"球体"合成拖动到"最终"合成中，按 Ctrl+D 组合键将"球体"合成复制一份，重命名为"球体倒影"，修改"缩放"为"100.0，-100.0%"，降低"不透明度"属性值，向下调整位置，制作出倒影效果，如图 1-45 所示。

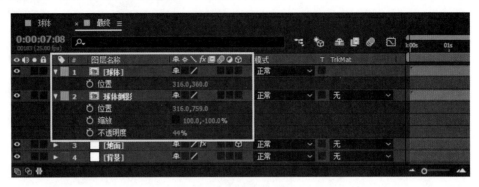

图 1-45　制作倒影

将"球体"和"球体倒影"层进行复制，调整位置和大小，再制作出几组水晶球的效果。

按 Ctrl+Alt+Y 组合键新建一个调整图层，选择"效果"→"颜色校正"→"曲线"命令，调整曲线，将画面整体调亮，如图 1-46 所示。

图 1-46　创建调整图层

1.3.4　项目评价

本项目以制作水晶球为出发点，对素材进行加工处理，通过透明球体、旋转动画等效果的制作，让学生熟悉 After Effects CC 软件的工作界面和工作流程，掌握特效添加、参数修改、关键帧设置、图层嵌套等基本操作，为后面复杂案例的制作打下基础。

1.4　拓展微课堂——格式转换工具

在影视后期的制作过程中经常需要对视频进行格式转换，例如把一段视频转换为 After Effects CC 支持的格式，或者把 After Effects CC 软件中输出的视频转换为适合手机播放的格式等。我们既可以使用专业的格式转换工具，也可以借助一些常用的视频播放器来实现，下面向大家推荐几款常用的软件。

1．专业的格式转换工具

（1）格式工厂

格式工厂是一款功能强大的格式转换工具，它支持视频、音频、图片等多种格式，能把这些格式轻松转换为人们需要的文件格式。格式工厂的主界面如图1-47所示，在它的左侧列表中可以看到软件的主要功能，例如视频转换、音频转换、图片转换、文档转换、光驱设备 \DVD\CD\ISO 转换等，以及视频合并、音频合并、混流等高级功能。

图1-47　格式工厂主界面

　　格式工厂的操作较简单，只需要几步即可完成格式转换，而且还可以对输出文件进行参数设置，从而实现文件瘦身。下面我们以 AVI 文件为例进行介绍。在 After Effects CC 软件中导出的 AVI 文件一般比较大，存储和传输都不方便，下面借助格式工厂来进行格式转换。

　　单击格式工厂左侧列表中的"转换为 AVI"按钮，即可打开如图1-48所示的界面，然后将 After Effects CC 软件中输出的 AVI 文件导入格式工厂进行转换。转换后的视频文件仍为 AVI 格式，大小只有原来文件的1/10左右，但是对画面的清晰度影响不大。

（2）狸窝视频转换器

狸窝视频转换器是一款专门的视频转换软件，它支持几乎所有流行格式的转换。该软件还有视频编辑功能，可以进行视频截取、画面裁剪、画面亮度／对比度调整、添加水印、视频旋转、视频合并等简单的操作，相关界面如图1-49和图1-50所示。

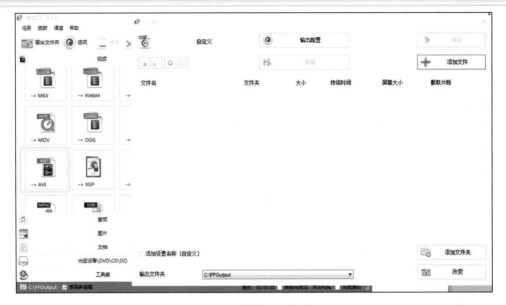

图 1-48　选择 AVI 格式

图 1-49　狸窝视频转换器主界面

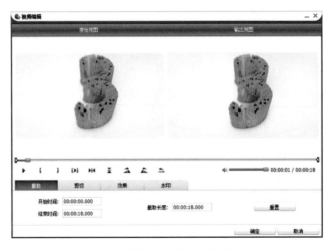

图 1-50　狸窝视频转换器视频编辑界面

2．视频播放器

（1）QQ影音播放器

QQ影音播放器除了视频播放功能外，还带有很多实用的小工具。在影音工具箱中提供了音视频转码、压缩、合并、截图、视频截取等多项实用功能，其工具箱和"音视频转码"对话框如图1-51和图1-52所示。

图1-51 影音工具箱

图1-52 "音视频转码"对话框

（2）暴风影音播放器

暴风影音播放器的工具箱也提供了视频转码功能，但是需要提前安装暴风转码器，如图1-53和图1-54所示。

图1-53 暴风影音工具箱

图1-54 暴风转码界面

利用 QQ 影音播放器和暴风影音播放器进行视频格式转换时,操作比较简单,不需要安装专门的格式转换工具,缺点是支持的视频格式较少,所以读者要根据自己的实际需求来选择合适的转码方式。

1.5 模 块 小 结

本模块主要讲述 After Effects CC 软件的基础知识。通过"促销广告"案例,让学生熟悉 After Effects CC 软件的工作环境;知识图谱环节系统地讲述了 After Effects CC 软件的工作界面、工作流程和基本操作;通过情境设计案例"水晶球",学生可以熟练掌握特效添加、关键帧设置、图层嵌套等知识。

同时,通过扫描二维码可以观看本模块完整的教学视频,学生可以自主进行学习。

1.6 模 块 测 试

一、填空题

请写出以下操作对应的快捷键。

1. 新建合成:_____

2. 新建纯色层:_____

3. 新建调整图层:_____

4. 复制图层:_____

5. 合并多个图层(预合成):_____

6. 分割图层:_____

二、实训题:制作产品宣传片

创作思路:根据本模块所学知识,收集某件商品的图片或视频,制作一段产品宣传片。

创作要求:①宣传片要有明确的主题,突出商品的特性;②根据需求,设置关键帧,制作动画效果;③宣传片画面美观,配色自然。

模块2 图层动画

After Effects CC 中所有的操作都是基于图层的,这一点和 Photoshop 类似。图层可以理解为一层透明的纸,把不同的素材放置在不同的层上,然后叠加。图层和图层之间相互独立,不受其他层的影响。我们可以通过对图层进行排列组合、属性设置及添加关键帧动画等,以及对多个图层添加"轨道遮罩""混合模式"等操作,实现图层之间的有机结合,呈现炫目的视觉特效。

关键词

图层属性　关键帧动画　轨道遮罩　混合模式

任务与目标

(1) 边做边学——"家风"。熟悉 After Effects CC 图层的基本操作。

(2) 知识图谱——掌握图层属性和图层混合模式的操作方法。

(3) 情境设计——"雷达巡视"。熟练掌握图层属性、关键帧动画设置及轨道遮罩的使用方法。

二维码扫描

可扫描以下二维码观看本模块教学视频。

家风

雷达巡视

2.1　任务:边做边学——"家风"

2.1.1　任务描述

在影视制作中,图层的操作是学习 After Effects CC 的基础。通过设置图层属性、添加关键帧动画、设置轨道遮罩等技能,能更好地实现素材的合成效果。本任务利用 After Effects CC 软件,将素材通过各种图层操作,实现缥缈灵动、亦真亦幻的视觉效果。

2.1.2　任务目标

本任务通过对图层进行属性设置,添加关键帧动画实现运动效果,利用 mask 遮罩添加图层之间的叠加效果,以及添加轨道遮罩等方法,实现如图 2-1 中所示的视频特效。

图 2-1 "家风"动画效果

2.1.3 任务分析

本任务分五组镜头来展示：镜头一通过添加墨迹图层,实现两个图层的叠加效果；镜头二和镜头三通过添加墨迹视频素材,设置图层的轨道遮罩,实现叠加效果；镜头四和镜头五通过添加图形遮罩,组织素材,实现多个图层叠加的中国风视频特效。

2.1.4 任务实施

1. 新建"合成"

运行 After Effects CC 软件,新建"合成",命名为"家风",设置尺寸为 720×576 像素,"帧速率"为 25 帧 / 秒,"持续时间"为 0 :00 :15 :00,"背景色"为黑色,导入所需素材"1.jpg""2.jpg""3.jpg""4.jpg""5.jpg""6.jpg""墨迹图片 .jpg""背景 .jpg""书本 .jpg""墨迹 1. mov""墨迹 2.mov""读书 .mp4""音乐 .mp3"。

2. 制作镜头一

将素材"背景 .jpg""1.jpg""墨迹图片 .jpg"依次拖动到"时间轴"面板中并顺序排列,设置图层持续时间为 0 :00 :02 :00。选择"墨迹图片 .jpg"图层,按 S 键展开缩放属性；在第 0 :00 :00 :00 帧处添加关键帧,设置缩放属性数值为"80.0,80.0%"；在第 0 :00 :02 :00 帧设置缩放属性数值为"130.0,130.0%",实现墨迹放大效果。

展开"时间轴"面板下方的"转换控制"窗格 ，在"时间轴"面板中显示出轨道遮罩控制栏 TrkMat；选择图层"1.jpg",在 TrkMat 控制栏选项中单击,在弹出的选项中选择"亮度反转遮罩'墨迹图片 .jpg'",利用轨道遮罩层的亮度信息进行遮罩,如图 2-2 所示。

图 2-2 轨道遮罩

3．制作镜头二

将"墨迹1.mov"和2.jpg图层拖动到"时间轴"面板中,设置两个图层的起始位置和结束位置分别为第0:00:02:00帧和第0:00:04:00帧,将"墨迹1.mov"图层放置在上方,选择2.jpg图层,在TrkMat控制栏选项中单击,在弹出的选项中选择"亮度反转遮罩'墨迹1.mov'",利用轨道遮罩层的亮度信息进行遮罩,如图2-3所示。

图2-3　镜头二的制作

4．制作镜头三

将"墨迹2.mov"和3.jpg图层拖动到"时间轴"面板中,设置两个图层的起始位置和结束位置分别为第0:00:04:00帧和第0:00:08:00帧;将"墨迹2.mov"图层放置在上方;选择3.jpg图层,在TrkMat控制栏选项中单击,在弹出的选项中选择"亮度遮罩'墨迹2.mov'",利用轨道遮罩层的亮度信息进行遮罩,效果如图2-4所示。

5．制作镜头四

将素材4.jpg、5.jpg拖动到"时间轴"面板中,设置图层的起始位置和结束位置分别为第0:00:08:00帧和第0:00:10:00帧,

图2-4　轨道蒙版效果

将 5.jpg 图层置于 4.jpg 图层上方。选择 5.jpg 图层,用椭圆工具画出一个椭圆作为蒙版,设置蒙版叠加方式为"相加"并选中"反转"选项,设置蒙版羽化为"70.0,70.0 像素",如图 2-5 所示。将 6.jpg 拖动到"时间轴"面板中,并放置于 5.jpg 图层上方。选中 6.jpg 图层,用钢笔工具选中一个区域,设置蒙版叠加方式为"相加",设置蒙版羽化为"70.0,70.0 像素"。合成效果如图 2-6 所示。

图 2-5　轨道蒙版效果

图 2-6　合成效果

6. 制作镜头五

将"书本 .jpg""读书 .mp4"拖动到"时间轴"面板中,设置图层的起始位置和结束位置分别为第 0 :00 :10 :00 帧和第 0 :00 :15 :00 帧。用矩形工具绘制一个形状图层,放置于"书本 .jpg"图层上方。选择形状图层,选择"效果"→"风格化"→"毛边"命令,为形状图层添加"毛边"特效。选择"书本 .jpg"图层,在 TrkMat 控制栏选项中单击,在弹出的选项中选择"Alpha 反转遮罩'形状图层 1.jpg'";适当调整"读书 .mp4"层的大小和位置,实现相应的蒙版效果。添加文字图层,输入文字"家风世代传",最终效果如图 2-7 所示。

7. 添加音乐

将"音乐 .mp3"素材拖动到"时间轴"面板中,为其添加声音图层,"时间轴"面板如图 2-8 所示。

8. 渲染输出

按 Ctrl+M 组合键打开"渲染队列"面板,对影片进行渲染输出。

图2-7 镜头五合成效果

图2-8 最终合成的"时间轴"面板

2.1.5 任务评价

本任务中的案例有浓厚的"中国风"特色,风格特色鲜明,具有一定的艺术美感。本案例目的在于提高图层的合成能力以及关键帧的添加运用。通过建立轨道遮罩、混合模式以及设置图层属性等功能的灵活运用,可以为画面增加立体感和层次感,呈现出亦真亦幻、虚无缥缈的视觉效果。

2.2 知 识 图 谱

2.2.1 图层属性

在 After Effects CC 软件中,把素材放置到"时间轴"面板中将自动生成一个图层。每个图层都有五个基本属性。单击图层左侧的属性折叠按钮▶,展开"变换"节点,显示"锚点""位置""缩放""旋转""不透明度"等基本属性。每个属性名称左侧有一个时间变化秒表◎。通过添加关键帧,可以在不同时间设置不同的属性参数,实现在图层中创作各种动画的效果,如图2-9所示。

图 2-9　图层的五个基本属性

2.2.2　轨道遮罩

轨道遮罩是利用上一图层的颜色信息控制下一图层的显示区域。操作方法是：展开"时间轴"面板中的"转换控制"窗格,单击图层中的 TrkMat 属性,显示轨道遮罩选项,可以从中选择上一图层对下面图层的遮罩形式,可以利用 Alpha 通道信息,也可以利用亮度信息。共有四种不同的遮罩,分别为"Alpha 遮罩""Alpha 反转遮罩""亮度遮罩""亮度反转遮罩",如图 2-10 所示。

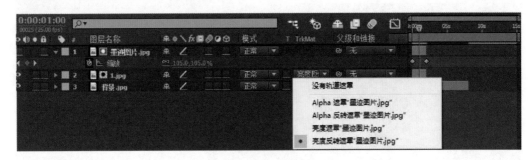

图 2-10　轨道遮罩选项

1．Alpha 遮罩

Alpha 遮罩是指用上一图层的 Alpha 通道透明信息做遮罩,控制下一层的显示区域。即上一层不透明的地方,下一层相应的位置也会不透明；上一层透明的地方,下一层相应的位置也会透明,效果如图 2-11 所示。

图 2-11　Alpha 遮罩

2．Alpha 反转遮罩

Alpha 反转遮罩则相反,上一层透明的位置下一层不透明,上一层不透明的位置下一层则透明,效果如图 2-12 所示。

图 2-12　Alpha 反转遮罩

3．亮度遮罩

亮度遮罩是指用上一图层的亮度信息做遮罩，控制下一层的显示区域。黑色暗色信息是透明的，白色亮色信息是不透明的。即上一层黑色的位置下一层透明；上一层白色的位置下一层则不透明。

4．亮度反转遮罩

亮度反转遮罩则相反，"白透黑不透"，即上一层黑色的位置下一层不透明，上一层白色的位置下一层透明，如图 2-13 所示。

图 2-13　亮度反转遮罩

2.2.3　图层混合模式

图层混合模式是图形图像和影视后期处理中一项重要的技术，通过图层混合模式控制上层与下层的融合效果。使用图层混合模式的层会根据下层的颜色通道信息，通过计算产生不同的融合效果。图层混合模式对于合成非常重要，利用它可以产生风格迥异的叠加效果。After Effects CC 软件提供了三十多种混合模式，灵活运用可以增强作品的观赏性。

图 2-14 所示是对图层分别使用"相加"和"叠加"两种模式实现的不同效果。

原图　　　　　　　　　相加模式　　　　　　　　　叠加模式

图 2-14　应用图层混合模式

2.3 情境设计——"雷达巡视"

2.3.1 情境创设

在许多现代战争和科幻题材的影视作品中,我们常常可以看到"雷达扫描"的场面。科幻大片惊艳特效镜头的背后,到底隐藏了哪些影视后期制作技术原理呢? 本小节我们将运用"遮罩"和"混合模式"等操作实现图 2-15 中的视觉效果。

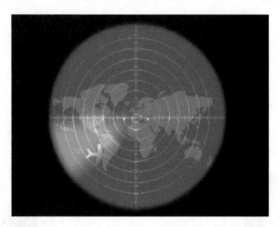

图 2-15 雷达巡视效果

2.3.2 技术分析

(1)分层导入素材,在合成中将素材调整好位置和大小。

(2)对素材运用遮罩和混合模式,搭建好场景。

(3)制作飞机运动和雷达光束旋转的动画效果。

(4)利用蒙版羽化等操作,使视觉效果更加逼真。

2.3.3 项目实施

1.新建"合成"

运行 After Effects CC 软件,新建"合成",命名为"雷达巡视",设置尺寸为 720×576 像素,"帧速率"为 25 帧 / 秒,"持续时间"为 0 :00 :10 :00,"背景色"为黑色。"导入种类"选项中选择"素材",并分层导入,分别将素材重命名为"飞机""土地""坐标",如图 2-16 所示。

2.搭建场景

选择"图层"→"新建"→"纯色"命令或按 Ctrl+Y 组合键,新建图层,在弹出的"纯色设置"对话框中,名称设置为"蓝色背景",颜色设置为深蓝色。

选择"蓝色背景"图层,在工具栏中选择"椭圆工具" ,同时按 Ctrl+Shift 组合键,以舞台为中心画一个正圆的蒙版。展开"蓝色背景"图层的蒙版属性,设置"蒙版羽化"为一定的数值,如图 2-17 所示,使其呈现一定的羽化效果,在"合成"窗口中的显示效果如图 2-18 所示。

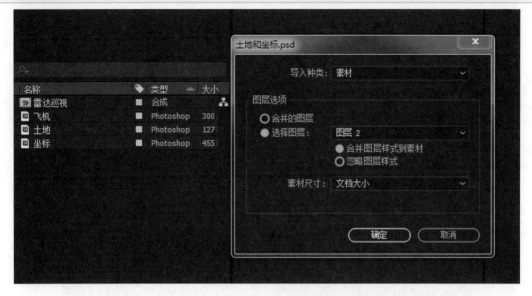

图 2-16　导入素材

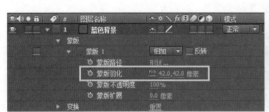

图 2-17　设置羽化参数

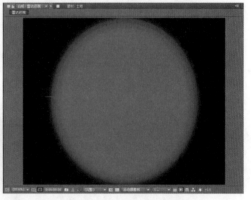

图 2-18　"合成"窗口效果

　　将素材"飞机""土地""坐标"拖动到"时间轴"面板中,置于蓝色背景的上层,适当调整图层的缩放比例和位置,使其位于舞台的中央。

　　选择"效果"→"生成"→"填充"命令,分别将"飞机""土地""坐标"三个图层填充为白色。在"时间轴"面板中,将三个图层的混合模式设置为"叠加"模式,如图 2-19 所示。

3．制作光束

　　选择"蓝色背景"图层,按 Ctrl+D 组合键复制一图层,命名为"光束",将其移动到图层最上方。选择"光束"图层,选择"图层"→"纯色设置"命令,修改图层的颜色为白色。选择钢笔工具,为"光束"图层添加蒙版。展开"光束"图层的蒙版属性,设置两个蒙版的运算为"交集",设置图层混合模式为"叠加",如图 2-20所示。

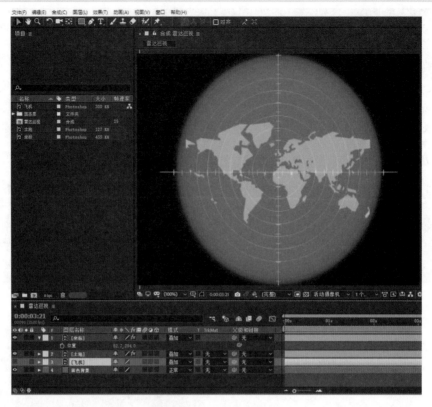

图 2-19　添加混合模式

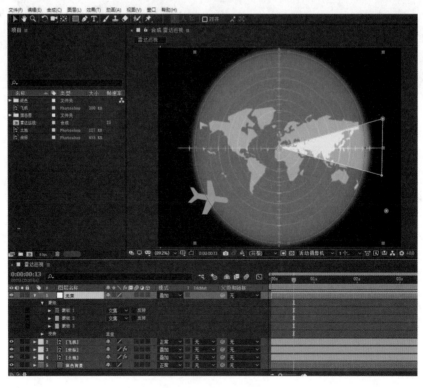

图 2-20　蒙版的运算

4．制作遮罩动画

选择"光束"图层，按 R 键展开"旋转"属性。将时间指示器移到第 0 ：00 ：00 ：00 帧，激活时间变化秒表，添加关键帧，然后将时间指示器移到第 0 ：00 ：10 ：00 帧，设置"旋转"参数为"2x，+0.0°"，使其顺时针旋转两周。

选择"飞机"图层，按 P 键打开图层位置属性，制作飞机从左向右飞行的动画效果，如图 2-21 所示。

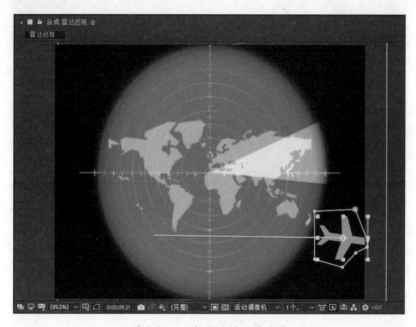

图 2-21　飞机位移的运动效果

选择"飞机"图层，在轨道遮罩选项中选择"亮度遮罩'光束'"，将"光束"图层作为"飞机"图层的遮罩，实现当飞机被光束扫过时显示且在其他时间隐身的效果。在"时间轴"面板中的设置如图 2-22 所示，合成效果如图 2-23 所示。

图 2-22　设置亮度遮罩

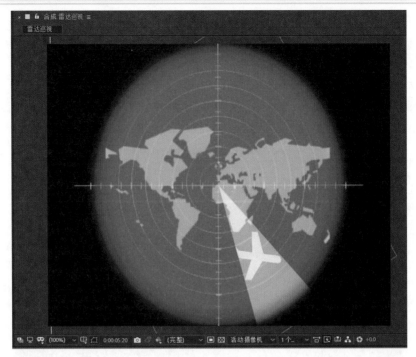

图 2-23　合成效果

5. 渲染输出

按 Ctrl+M 组合键打开"渲染队列"面板,对影片进行渲染输出。

2.3.4　项目评价

本情境主要将蒙版运算、轨道遮罩、混合模式等多个知识点相融合,综合掌握知识点的运用能力。本案例效果还可以通过其他方式来实现,不必拘泥于上述操作步骤,并培养读者的创造性思维。

2.4　拓展微课堂——著名特效公司巡礼

电影作为一门艺术,已经深入了每个人的生活。一部优秀的电影,不仅要有跌宕起伏的剧情走向、性格鲜明的人物角色,也少不了赏心悦目的视觉奇观。一代又一代的电影从业人员都在尽心竭力地利用时代最先进的科技手段为观众带来一场又一场的视觉盛宴。

1975 年,美国著名导演乔治•卢卡斯为了拍摄他的代表作《星球大战》,创建了工业光魔(Industrial Light and Magic,ILM)特效公司,这是世界上第一家专门制作特效的公司,开创了电影特效行业。随着 CG(Computer Animation,计算机动画)技术的发展,ILM迎来了发展的黄金时代,一举成为全球第一大特效制作公司,如图 2-24 所示。《星球大战》系列、《变形金刚》系列、《终结者》系列、《侏罗纪公园》系列以及《复仇者联盟》系列等都是该公司的代表作。

图 2-24　特效公司

　　1996 年，年轻的导演彼得·杰克逊决定将小说《指环王》拍成电影。但受当时的特效水平所限，想塑造出一个庞大的"中土"世界几乎是不可能完成的任务，没有特效公司愿意承担。这时，名不见经传的新西兰维塔数码（Weta Digital）特效公司站了出来，成为导演最得力的"战友"。经过导演和维塔数码的不懈努力，《指环王》系列电影最终取得了巨大的成功。而不足百人的维塔数码特效公司也在特效行业有了一席之地，著名导演詹姆斯·卡梅隆的科幻巨制《阿凡达》中的特效也是由这家公司负责。图 2-25 所示为部分特效电影。

图 2-25　特效电影

　　另外，负责电影《泰坦尼克号》特效的数字领域（Digital Domain）公司、打造了《蜘蛛侠》《最终幻想》的索尼影像工作室，以及制作《碟中谍》系列、《哈利波特》系列的 Cinesite 公司，都是特效行业的佼佼者。

2.5　模块小结

　　本模块主要阐述在影视制作中图层的运用方法。分别介绍了对图层的属性进行设置，添加关键帧，实现运动效果。可以通过添加"轨道遮罩""混合模式"等操作将图层有机地融合在一起，实现一定的视觉效果。通过"家风"案例让读者熟悉图层的基本操作；知识图谱环节系统地讲述了图层操作的原理、作用和使用方法；通过情境设计"雷达巡视"学生可以学会灵活运用各种工具进行影视合成和特效制作。

2.6 模 块 测 试

一、填空题

1.选择图层后,按_____快捷键可直接展开该图层的"不透明度"属性。

2.复制图层副本的快捷键是_____。

3.选择图层后,按_____快捷键可直接展开"蒙版"属性。

二、简答题

1. After Effects CC 软件中图层有哪几个基本属性?

2.简述 After Effects CC 软件中提供了几种"轨道遮罩"工具,并说明它们各自的作用。

三、实训题

以"垃圾分类"为主题,收集相关的文字、图片和视频素材,利用图层操作制作一段关于"垃圾分类"的公益宣传短片。

模块3 影视文字特效

在影视作品中,除了画面和声音之外,字幕被认为是影视节目的第三大语言。好的文字效果能够为影视节目增添光彩,增加节目的美观性,文字特效在影视合成中起着举足轻重的作用。

🕐 关键词
文字属性 文字动画 特效

⏱ 任务与目标
(1) 边做边学——"字符动画"。熟练掌握文字动画的基本制作方法。
(2) 知识图谱——掌握文字属性设置、文字动画制作等基础知识。
(3) 情境设计——"碎片文字"。掌握复杂文字动画的制作方法。

⏱ 二维码扫描
可扫描以下二维码观看本模块教学视频。

字符动画　　　　　　　　　碎片文字

3.1 任务:边做边学——"字符动画"

3.1.1 任务描述

在 After Effects CC 中既可以为文字层制作基本的层关键帧动画,也可以为文字属性设置动画效果,并将多个属性动画进行组合。本任务通过为文字添加位置、颜色等属性动画,设置跟踪参数,实现如图 3-1 所示的文字动画效果。

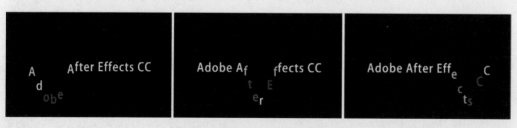

图 3-1 字符动画

3.1.2　任务目标

本任务将通过为文字层添加"位置"属性动画和"填充色相"属性动画,实现文字下落并变色的动画效果。

3.1.3　任务分析

第一步,输入文字;第二步,添加"位置"属性动画;第三步,添加"填充色相"属性动画;第四步,渲染输出。

3.1.4　任务实施

1．创建"合成"

运行 After Effects CC 软件,按 Ctrl+N 组合键,新建"合成",命名为"字符动画",设置尺寸为 720×405 像素,"帧速率"为 25 帧 / 秒,"持续时间"为 0 :00 :05 :00。

2．输入文字

在"工具栏"面板中选择横排文字工具■,在"合成"窗口中输入文字"Adobe After Effects CC"。选中文字,在"字符"面板中修改文本的颜色、字体大小、字间距,如图 3-2 所示。在"合成"窗口中,文字效果如图 3-3 所示。

图 3-2　"字符"面板中修改颜色等　　　　图 3-3　输入文字"Adobe After Effects CC"

3．文字位移动画设置

在"时间轴"面板中展开文字层,显示文本属性。在"动画"下拉列表中选择"位置"属性。

添加完"位置"属性后,在"时间轴"面板中的层属性中多了"动画制作工具 1"属性,修改"位置"的值为"0.0,100.0",如图 3-4 所示。展开其中的"范围选择器 1",设"起始"选项的值为 0%,"结束"选项的值为 22%。这样,处于选择范围之内的文字位置下移,而处于选择范围之外的文字没有变化,"合成"窗口中的效果如图 3-5 所示。

激活"偏移"参数的时间变化秒表■,移动选择范围,产生波动效果动画。在第 0 :00 :00 :00 帧记录第一个关键帧,设置"偏移"选项的值为−22%,使文字在开始时保持正常状态,移动时间线指示器到第 0 :00 :05 :00 帧,修改"偏移"选项的值为 100%。

预览动画,随着选择范围的移动,文字实现了局部下落效果,如图 3-6 所示。

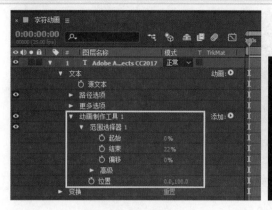

图 3-4　参数设置

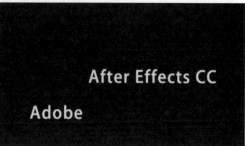

图 3-5　文字效果

图 3-6　文字偏移动画

展开"高级"节点,修改"形状"选项的值为"平滑",如图 3-7 和图 3-8 所示。

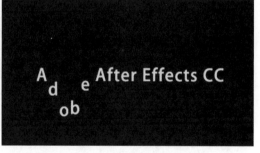

图 3-7　修改"形状"选项的值　　　　图 3-8　修改"形状"选项值后的文字效果

4.文字变色动画设置

展开文本属性"添加"下拉列表中的"属性"选项,选择"填充颜色"为"色相"模式。在第 0 :00 :00 :00 帧为"填充色相"添加关键帧,选项保持默认值,使文字在开始时保持原始颜色,移动时间线指示器到第 0 :00 :05 :00 帧,修改"填充色相"选项的值为"2x+0.0°"。

预览动画,文字实现了变色效果,如图 3-9 所示。

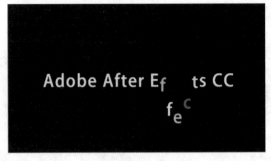

图 3-9　文字变色效果

📑 提示

在本任务中,为了使用"色相"属性实现文字的变色效果,在创建文本时文字的颜色可以设置为任意的彩色,但不能为黑色或白色。

5. 渲染输出

选择"合成"→"添加到渲染队列"命令或按 Ctrl+M 组合键,将该"合成"添加到"渲染队列"面板。在这个面板中可以设置渲染输出的文件格式、保存路径、文件名称等。设置完成后,单击"渲染"按钮即可。

3.1.5　任务评价

本任务主要是为了让学生熟悉 After Effects CC 中文字的创建及属性设置,掌握文字属性动画的设置方法。

3.2　知 识 图 谱

3.2.1　文字属性

在 After Effects CC 中,使用"工具栏"面板中的文字工具 T 创建文本,如图 3-10 所示。

通过"字符"面板可以对文字的"字体""大小""样式""间距"等属性进行设置,如图 3-11 所示。

图 3-10　文字工具

图 3-11　"字符"面板

3.2.2　文字动画

在"合成"窗口中输入文字后，系统自动在"时间轴"面板中建立一个文字层。展开文字层的属性，可以对属性值进行修改，如图3-12所示。在文字层中，还可以对文字的"源文本""路径选项""更多选项"进行设置；或修改"变换"组中的五个基本属性，通过为这些属性添加关键帧，可以设置关键帧动画。

除了为文字添加基本的层关键帧动画外，After Effects CC 还为文字提供了更多的动画功能。在文字层的"文本"属性右侧单击动画按钮◉，在弹出的菜单中包含"锚点""位置""缩放""倾斜"等多个动画命令。

下面以一个动画为例，介绍文字动画属性的设置方法。

（1）选择文字层，从"动画"预置菜单中选择"位置"命令，系统自动为文字层添加位置动画属性。

（2）为文字添加一个动画后，在文字层上自动添加"动画制作工具1"。在"动画制作工具1"中自动添加了"范围选择器1"，可以对动画的属性进行设置，如图3-13所示。

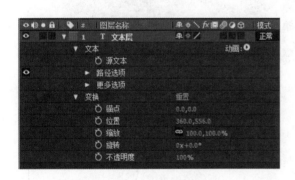

图 3-12　文字层的属性

图 3-13　动画属性的设置

① 范围选择器1：范围设置可以在"范围选择器"中设置文字变化的范围。需要设置起始位置、结束位置和偏移量。

② 高级：对动画中的一些属性进行具体设置。

● 单位：选择动画变化的单位，包括"百分比"和"索引"选项。

● 依据：表示选择动画变化的基础，包括"字符""不包含空格的字符""词"和"行"。

● 模式：表示选择范围之间的叠加模式，包括"相加""相减""相交""最小值""最大值"和"差值"六个选项。

● 数量：决定动画效果变化的幅度，取值范围在-100% ～ 100%。值为0时表示无效果，值为50%时表示效果幅度大小是属性设置的一半，值为100%时表示完全符合属性设置的值，值为负数时表示动画效果与正值时的动画效果相反。

● 形状：可以控制选择范围内文字变化的样式，包括"正方形""上斜坡""下斜坡""三角形""圆形"和"平滑"。

● 平滑度：该属性只有当"形状"为"正方形"时有效，设置文字动画从一种字符变换为另一种字符时需要耗费的时间。

● 缓和高、缓和低：决定动画效果从当前选择的较高属性值变化为较低属性值的过程中动画变化的速度。

● 随机排序：设置随机变化效果。打开开关，可以设置随机种子。

3.2.3　动画类型

在 After Effects CC 中，可以为文字属性设置动画效果，也可以将多个属性动画进行组合。

1．锚点

锚点是很多属性的运动基准，其位置会影响动画的运动状态。在文字层上单击"动画"按钮 ，在弹出的菜单中选择"锚点"命令，即可添加锚点动画，效果如图 3-14所示。

锚点 (0, 0)　　　　　　　　　　锚点 (100, −50)

图 3-14　文字锚点变化的效果

2．位置

在文字层上单击"动画"按钮 ，在弹出的菜单中选择"位置"命令，即可添加位置动画。更改 X 轴和 Y 轴的坐标值，可以改变位置属性，效果如图 3-15 所示。

图 3-15　改变文字位置动画的效果

3．缩放

在文字层上单击"动画"按钮 ，在弹出的菜单中选择"缩放"命令，即可在文字层中添加缩放动画，效果如图 3-16 所示。

4．倾斜

在文字层上单击"动画"按钮 ，在弹出的下拉菜单中选择"倾斜"命令，即可在文字层中添加倾斜动画，修改"倾斜"和"倾斜轴"两个属性进行动画设置，效果如图 3-17 所示。

（缩放比例为100%）　　　　　　（缩放比例为-50%）　　　　　　（缩放比例为50%）

图3-16　文字缩放动画的效果

图3-17　文字倾斜动画的效果

5．旋转

在文字层上单击"动画"按钮，在弹出的菜单中选择"旋转"命令，即可在文字层中通过设置"旋转"属性值来设置旋转动画，效果如图3-18所示。

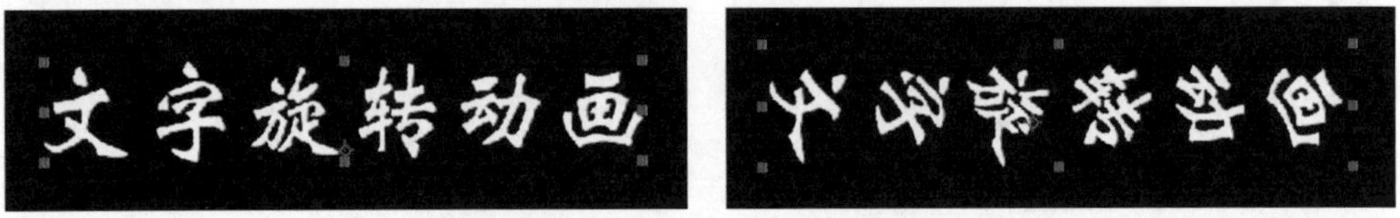

图3-18　文字旋转动画的效果

6．不透明度

在文字层上单击"动画"按钮，在弹出的菜单中选择"不透明度"命令，即可在文字层中通过设置"不透明度"属性值来设置动画效果，图3-19所示是"不透明度"为36%的效果。

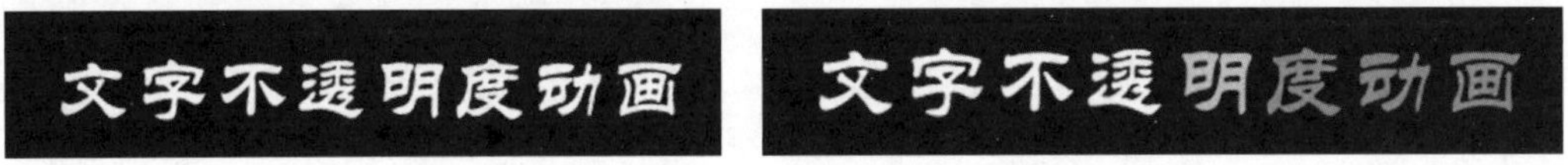

图3-19　设置文字不透明度属性后的动画效果

3.2.4　路径文本动画

在文字层上使用钢笔工具绘制蒙版，然后将蒙版作为文字路径，使文字按照路径进行排列。

（1）运行After Effects CC软件，导入图片素材"钟表"，建立一个"合成"。使用文本工具在"合成"窗口中输入文字"创建路径文本动画实例演示"，新建文字层，如图3-20所示。

(2) 选择文字层,使用钢笔工具沿着钟表轮廓绘制一条圆形的封闭路径。路径的默认名称为"蒙版1",如图3-21所示。

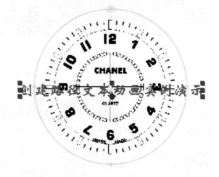

图 3-20　创建文字　　　　　　　　　　　　图 3-21　绘制路径

(3) 选择文字层,展开图层属性,在"路径选项"的下拉列表中选择"蒙版1",系统自动添加"路径选项"参数,设置"反转路径"选项为"开",其余选项使用默认设置。"反转路径"选项默认为"关",使文字位于路径内侧;再设置为"开",使文字位于路径外侧,如图3-22所示。

(a)"反转路径"选项为"关"　　　　　　　(b)"反转路径"选项为"开"

图 3-22　"反转路径"选项关闭及打开的对比

• 垂直于路径:默认为"开",此时文字垂直于路径;设置为"关",文字保持原来的方向不变,如图3-23所示。

• 强制对齐:默认为"关",此时文字按照原来的间距进行排列;设置为"开"时,文字按照参考路径的长度进行均匀排列,如图3-24所示。

• 首字边距:调整该选项可以调节文本在路径上的起始位置,默认为0。

• 末字边距:调整该选项可以调节文本在路径上的结束位置,默认为0。

(4) 修改"首字边距"和"末字边距"的选项值并添加关键帧,实现文字沿路径转动的动画效果,如图3-25所示。

（a）"垂直于路径"选项为"关" （b）"垂直于路径"选项为"开"

图 3-23 "垂直于路径"选项不同值的对比

（a）"强制对齐"选项为"关" （b）"强制对齐"选项为"开"

图 3-24 "强制对齐"选项不同值的对比

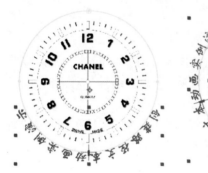

图 3-25 文字沿路径转动的动画效果

3.2.5 内置文本特效

1. 路径文本特效

路径文本特效可以使文字按照特定的路径创建动画。路径可以是用户绘制的路径，也可以是一个蒙版。

（1）新建"合成"，并建立一个纯色图层。在"时间轴"面板中选中该纯色图层，选择"效果"→"过时"→"路径文本"命令，弹出"路径文字"对话框，如图 3-26 所示。

（2）在对话框中输入文字"垃圾分类　生活新时尚"，选择字体和样式，单击"确定"按钮，系统自动为图层添加了路径文字特效。在"效果控件"面板中将"填充颜色"修改为黄色。在"合成"窗口中的效果如图 3-27 所示。

图 3-26　"路径文字"对话框　　　　　图 3-27　"合成"窗口中的路径文字效果

（3）将时间线指示器定位在第一帧的位置，激活"左边距"的时间变化秒表，设选项值为 550；将时间线指示器移动到最后一帧的位置，修改"左边距"选项值为 −440，动画效果如图 3-28 所示。

图 3-28　路径文字的动画效果

2．编号

编号特效可以产生随机或连续的数字效果。

（1）新建一个"合成"，为合成图像建立一个纯色图层。在"时间轴"面板中选中该纯色图层，选择"效果"→"文本"→"编号"命令，弹出"编号"对话框，设置"字体""样式"等选项。

（2）在"效果控件"面板中可以设置编号参数，设置"类型"为"长日期"，选中"当前时间／日期"复选项，修改"填充颜色"为黄色，如图 3-29 所示，效果如图 3-30 所示。

3．时间码

时间码特效用于合成的计时，加入时间编码会为其他内容制作提供方便。

导入一段视频素材，新建一个"合成"。选中该素材层，选择"效果"→"文本"→"时间码"命令，为素材添加时间码。打开"效果控件"面板，时间码选项设置如图 3-31 所示，预览效果如图 3-32 所示。

还可以设置时间码的"显示格式""时间源""文本位置""文字大小""文本颜色""方框颜色"和"不透明度"等选项。

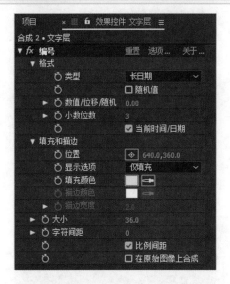

图 3-29　"编号"参数设置

图 3-30　编号效果

图 3-31　"时间码"选项设置

图 3-32　"合成"窗口中时间码

3.2.6　预置文本动画特效

After Effects CC 软件提供了预置的 17 类文本动画。选择"动画"→"浏览预设"命令,打开 Bridge 的预置窗口即可调用这些动画预设,也可以在"效果和预设"面板中的"动画预设"节点下选择相应的动画预设。

(1) 新建"合成",在"合成"窗口中输入文本"预置文本动画特效实例",系统自动建立文字层。

(2) 选中文字层,打开"效果和预设"面板中"动画预设"节点下的 Text 文件夹。该文件夹包含的每类文本动画又包含多种不同的动画效果,选择其中的一种动画效果双击,动画效果就被添加到选中的文字图层,如图 3-33 和图 3-34 所示。

(3) 展开图层属性,发现系统自动为其添加了动画选项,并含有关键帧设置,如图 3-35 所示。

图 3-33 "效果和预设"面板

图 3-34 选择文本动画

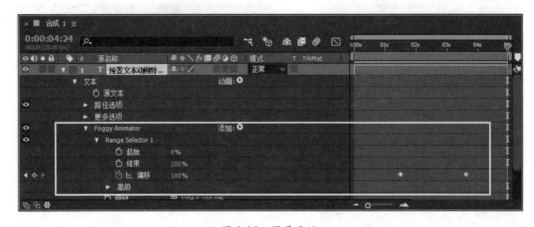

图 3-35 图层属性

3.3 情境设计——"碎片文字"

3.3.1 情境创设

文字特效在影视制作中具有非常重要的作用,广泛应用于影视广告宣传、栏目包装等领域。在此项目中我们设计一个情境,可以提供素材图片,并利用 After Effects CC 软件来制作一个碎片文字动画效果。

此项目重点制作文字的碎片动画,同时还添加了相应的光效。

碎片文字效果如图 3-36 所示。

图 3-36 "碎片文字"效果

3.3.2 技术分析

（1）利用梯度渐变特效制作一个参考图层。

（2）利用碎片特效和关键帧技术制作文字的碎片动画，这是本项目的核心部分。

（3）为文字碎片添加发光效果，为场景添加镜头光晕效果。

3.3.3 项目实施

1．新建"合成"

运行 After Effects CC 软件，新建"合成"，命名为"碎片文字"，设置"预设"为"PAL D1/DV 宽银幕方形像素"，"持续时间"为 0 :00 :05 :00，"背景颜色"为"黑色"。

2．制作参考图层

按 Ctrl+Y 组合键新建一个纯色图层，命名为"参考层"，设置"颜色"为黑色，再单击"制作合成大小"按钮。

选择"参考层"，选择"效果"→"生成"→"梯度渐变"命令，为图层添加渐变特效，并设置"渐变起点"为"0.0,288.0"，"渐变终点"为"1050.0,288.0"，单击"交换颜色"按钮，使"起始颜色"变为白色，"结束颜色"变为黑色，如图 3-37 所示。

选择"参考层"，选择"图层"→"预合成"命令或按 Ctrl+Shift+C 组合键，对图层进行预合成，在弹出的"预合成"面板中选择"将所有属性移动到新合成"选项，如图 3-38 所示。

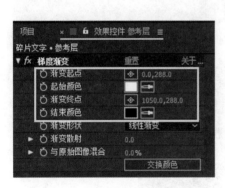

图 3-37 渐变选项的设置

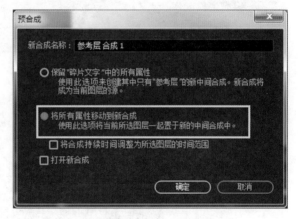

图 3-38 对图层进行预合成

3．制作文字碎片动画

双击项目面板，导入素材文件"碎片文字 .png"，并将它拖动到"时间轴"面板中，也可以使用文本工具在"合成"窗口中直接输入几个文字。

选择"碎片文字"图层，选择"效果"→"模拟"→"碎片"命令，为图层添加碎片特效，设置"视图"选项的值为"已渲染"；展开"形状"组，设置"图案"选项的值为"玻璃"，"重复"选项的值为 50.00；展开"渐变"组，设置"渐变图层"为"2.参考层 合成 1"；展开"物理学"组，修改"重力"选项的值为 0.00，如图 3-39 所示。

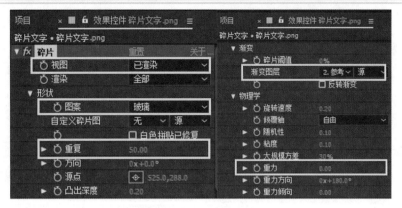

图 3-39　添加"碎片"特效

在第 0 :00 :00 :10 帧,将"作用力 1"的"位置"修改为"60.0,288.0",并为它添加关键帧,同时为"碎片阈值"添加关键帧,此时它的参数为默认的 0% ;移动时间线指示器到第 0 :00 :04 :00 帧,修改"作用力 1"的"位置"为"980.0,288.0","碎片阈值"为 100%,此时系统自动添加关键帧。关闭"参考层 合成 1"图层的显示属性,播放动画,观察效果,如图 3-40 和图 3-41 所示。

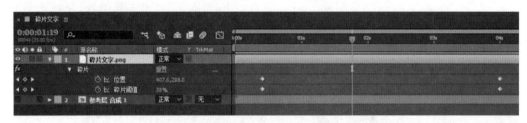

图 3-40　添加关键帧

图 3-41　文字碎片效果

4 . 添加光效

选择"碎片文字"图层,选择"效果"→"风格化"→"发光"命令,为图层添加发光特效。在第 0 :00 :00 :10 帧设置"发光强度"选项的值为 0,并添加关键帧 ;移动时间线指示器到第 0 :00 :01 :00 帧,修改"发光强度"选项的值为 1.0,从而制作出碎片的辉光效果。

按 Ctrl+Y 组合键新建纯色层,命名为"光晕",颜色为黑色。选择"效果"→"生成"→"镜头光晕"命令,为图层添加镜头光晕特效,设置图层混合模式为"相加"。

在第 0 :00 :00 :10 帧设置"光晕中心"选项的值为"−50.0，288.0"，"光晕亮度"选项的值为 0%，并为它们添加关键帧，如图 3-42 所示。

移动时间线指示器到第 0 :00 :01 :00 帧，修改"光晕中心"选项的值为"0.0，288.0"，"光晕亮度"为 100%。

移动时间线指示器到第 0 :00 :04 :24 帧，修改"光晕中心"选项的值为"1160.0，288.0"，从而制作出光晕移动的效果，如图 3-43 所示。

图 3-42 添加"镜头光晕"特效

图 3-43 添加光晕后的文字效果

5. 渲染输出

选择"合成"→"添加到渲染队列"命令或按 Ctrl+M 组合键，将该合成添加到"渲染队列"面板中。在这个面板中可以设置渲染输出的文件格式、保存路径、文件名称等。设置完成后，单击"渲染"按钮即可。

3.3.4 项目评价

本项目以制作碎片文字为出发点，通过特效的添加和关键帧的设置，让学生熟悉 After Effects CC 中复杂文字动画的制作方法。

3.4 拓展微课堂——综艺花字

随着《爸爸去哪儿》《奔跑吧》等节目的热播，花字成为近几年卫视综艺节目和网络综艺节目后期制作的一大亮点和趋势。

和传统的台词字幕不同，花字是指综艺节目中那些五颜六色、字体各异的包装性文字。花字在日韩综艺节目中被大量应用，而国内最早在综艺节目中使用花字的是湖南卫视。2012 年《快乐大本营》的一期节目中首次出现花字，2013 年的《爸爸去哪儿》使花字开始在国内综艺节目中流行起来，如图 3-44 所示。

花字除了五颜六色的字体外，同时也带有图片、网络表情等装饰性元素，而且会附加各种动画效果并配上相对应的音效。例如，在《极限挑战》的一期节目中，极限男人帮的其他成员都在为参加高考而努力，"小绵羊"张艺兴却还在辛苦地放羊，此时节目组的花字就是用一只卡通的小羊形象来代指张艺兴，而且为了渲染凄凉的氛围，还制作了树叶飘落的动画，如图 3-45 所示。除了动物图像外，花字中有时也会出现人物卡通头像，在《奔跑吧》节目中，就经常出现这样的花字效果，如图 3-46 所示。

图 3-44 《爸爸去哪儿》花字效果（1）

图 3-45 《极限挑战》花字效果

图 3-46 《奔跑吧》花字效果（1）

风格多样、妙语连珠的花字不仅能为节目内容锦上添花,增添节目的趣味性,制造话题热点,提高节目热度,还起到解释说明的作用,可以用来介绍当下画面所表现的时间、地点、正在举行活动的内容、参与人员、游戏规则等,如图 3-47 和图 3-48 所示。

图 3-47 《爸爸去哪儿》花字效果 (2)

图 3-48 《奔跑吧》花字效果 (2)

3.5 模块小结

本模块主要讲述 After Effects CC 软件中文字的制作方法。通过"字符动画"案例,让学生掌握文字动画属性的设置方法;知识图谱环节系统地讲述了 After Effects CC 软件中文字的创建、属性设置、动画设置等基本知识;通过情境设计"碎片文字",学生可以熟练掌握复杂文字动画的制作方法。

同时,通过扫描二维码可以观看本模块完整的教学视频,学生可以进行自主学习。

3.6 模块测试

一、填空题

1．在工具栏的文本工具中包括横排文字工具和_____。

2．在_____面板中，可以对文字的字体、字号、颜色等属性进行设置。

3．制作路径文字动画时，首先需要使用钢笔工具绘制一个_____作为文字的路径。

4．在 After Effects CC 中，内置了两个文本特效：_____和_____。

5．_____特效可以产生随机或连续的数字效果。

二、实训题

制作"万花筒文字"实例，如图 3-49 所示。

创作思路：根据本模块所学知识制作"万花筒文字"动画效果。

创作要求：制作路径文字，并为文字添加缩放、旋转、颜色变化等动态效果。

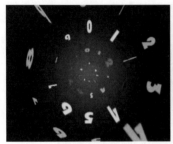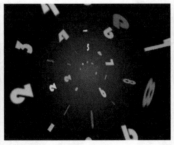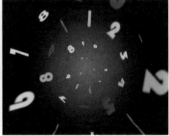

图 3-49 "万花筒文字"动画效果

模块4 色彩调整

在影视节目或者电影中,经常看到色调偏冷或者偏暖、画面鲜艳或者素雅,效果各有不同,这时我们就要用到色彩调整。After Effects、Premiere、Photoshop 同为 Adobe 公司产品,具有相近的色彩调整效果,通过色彩调整,赋予影片合适的色调,能够更充分地烘托气氛和传达主题思想。

🕐 关键词
色彩　色相　曲线调节

🕐 任务与目标
(1) 边做边学——"风轻云淡"。熟悉色彩对比及颜色的调整设置。
(2) 知识图谱——掌握色彩调整的操作方法。
(3) 情境设计——"春色满院"。熟练掌握不同场景下色彩调节技巧和运用方法。

🕐 二维码扫描
可扫描以下二维码观看本模块教学视频。

风轻云淡　　　　　　　　　　春色满院

4.1　任务：边做边学——"风轻云淡"

4.1.1　任务描述

在后期制作中,色彩调整是一个必不可少的环节。如何进行正确的色彩调整是烘托影片氛围的一个重要因素。本任务提供素材,利用 After Effects CC 软件颜色调整功能进行素材色彩微调,了解和感受色彩带来的变化,掌握常用的色彩调节方法。

4.1.2　任务目标

本任务通过对素材的加工处理,利用素材和颜色校正正确处理色彩关系,如图 4-1 所示,使天空更蓝,能够看出云层有明显的运动效果。

图 4-1 "风轻云淡"作品调色前后的对比

4.1.3 任务分析

我们用 CANON Mark Ⅲ加上 24 ～ 70mm 镜头拍摄了一段延时素材,根据实际拍摄素材状况,在 After Effects CC 软件中进行色彩调整。第一步,对素材进行处理;第二步,利用"曲线"特效将天空颜色进行调整;第三步,对图层进行蒙版处理;第四步,复制图层,添加特效调整画面的对比度,突出层次,使白云流动明显、建筑物颜色正常。

4.1.4 任务实施

1. 新建"合成"

运行 After Effects CC 软件,选择"合成"→"新建合成"命令,新建一个"合成",命名为"风轻云淡",设置尺寸为 1920×1080 像素,"帧速率"为 25 帧 / 秒,"持续时间"为 0 :00 :05 :00,"背景色"为黑色。

导入拍摄的延时素材。导入"延时 1"目录内的 JPG 序列文件,将导入项目中的"延时 [4160-4230].JPG"素材拖动到"时间轴"面板中,如图 4-2 和图 4-3 所示。

> 📑 **提示**
>
> 在导入 JPG 序列文件或者 TGA 等序列文件时,需要选中序列选项,否则导入的文件就是一张静止图片,导入视频或音频文件时序列选项为灰色。

图 4-2 "序列选项"

图 4-3 "时间轴"面板

由于拍摄的延时素材为序列照片,照片尺寸比较大,先将素材缩小为屏幕合适大小,单击图层左边三角按钮▶,展开"变换"选项,将"缩放"属性值设置为 33.4%,将画面缩小到合适大小,如图 4-4 所示。

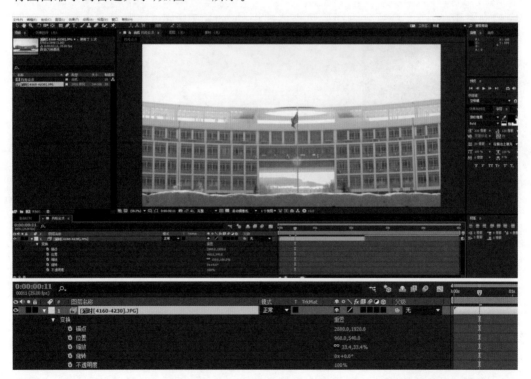

图 4-4 修改"缩放"选项

单击"预览"面板中的"播放"按钮或者按空格键,预览播放素材,会看到天空的云层流动不明显,"预览"面板界面如图 4-5 所示。

选择"延时 [4160-4230].JPG"图层,按 Ctrl+D 组合键两次,将图层复制两份。分别右击三个图层并进行重命

图 4-5 "预览"面板

名,将图层名称分别修改为"延时[大楼]""延时[白云]""延时[平台]",如图4-6所示。

图4-6　重命名图层

2.颜色调整

选择"延时[白云]"图层,选择"效果"→"颜色校正"→"曲线"命令,为图层添加曲线效果。

After Effects CC软件的"曲线"特效和Photoshop软件有着相同的调色效果,将鼠标光标放置到曲线的调节方格中间,鼠标光标贴近曲线时会变成十字形,按住鼠标左键向右下角拖动,会看到画面颜色整体加深,如图4-7所示。

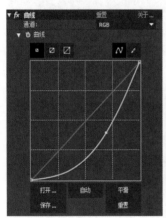

图4-7　添加曲线效果

此时天空的蓝天和白云比较明显,按空格键预览画面,可以发现白云流动效果在曲线调节后有了明显的提升,缺点是建筑物颜色太深了。

单击"时间轴"面板中图层的隐藏选项👁,隐藏"延时[白云]"图层和"延时[平台]"图层,只显示"延时[大楼]"图层画面。

调节"延时[大楼]"图层:选择"延时[大楼]"图层,选择"效果"→"颜色校正"→"曲线"命令,为图层添加曲线效果。

将鼠标光标放置到曲线的调节方格中间,鼠标光标贴近线条时会变成十字形,按住鼠标左键向左上角拖动,会看到画面颜色整体提亮。然后调节左下角,使黑场加深一些,右上角白场亮度提高一些。经过调整,视频中大楼的色彩比较合适,缺点是天空和大楼前平台色彩都亮度过高,效果如图4-8所示。

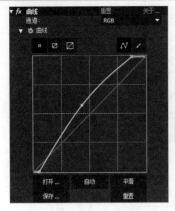

图 4-8　曲线调节

选择"延时 [大楼]"图层,选择"效果"→"颜色校正"→"亮度和对比度"命令,为图层调整亮度和对比度,调整选项,使大楼的暗部更深,楼体白色部分更亮一些,如图 4-9 所示。

图 4-9　调整对比度

选择"效果"→"颜色校正"→"颜色平衡 (HLS)"命令,调整"饱和度"选项的值为 4.0,将大楼的整体颜色纯度提高,使楼体色彩更亮丽,如图 4-10 所示。

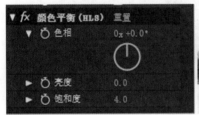

图 4-10　调整饱和度

选择"延时 [大楼]"图层,按住 Ctrl 键,在"效果控件"面板中依次选择"曲线""亮度和对比度""颜色平衡 (HLS)"特效,按 Ctrl+C 组合键复制该图层的所有效果。单击图层隐藏选项 👁 ,显示"延时 [平台]"图层,按 Ctrl+V 组合键粘贴刚才复制的三个效果,这样"延时 [平台]"图层就拥有和"延时 [大楼]"图层相同的色彩效果,如图 4-11 所示。

此时"延时 [平台]"图层台阶上的颜色由于亮度过大,导致层次不明显,需要进一步调整画面效果。在"颜色平衡 (HLS)"特效中,调整"饱和度"选项对于台阶效果不明显,可以关闭此特效。"亮度和对比度"特效让台阶更亮,关闭此特效。选择"曲线"特效,选择曲线的中间节点,将该节点拉到曲线方框外,删除该节点;选择白场节点并沿垂直线下拉,将画面高光(白场)亮度降低,使台阶层次明显,如图 4-12 所示。

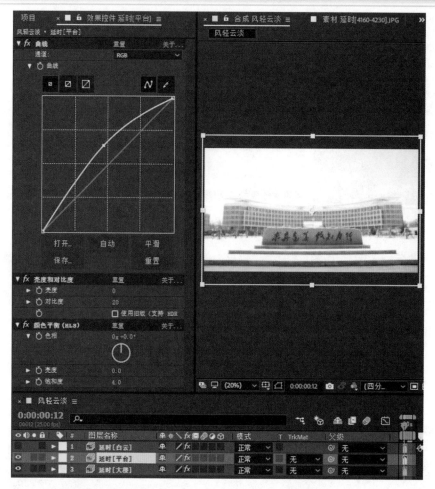

图4-11 "延时［平台］"图层选项的设置

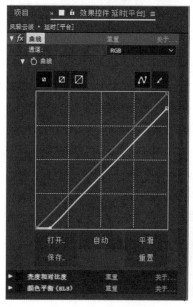

图4-12 调节曲线后台阶的效果

3. 图层合成

在"时间轴"面板中选择"延时[平台]"图层,选择工具栏中的钢笔工具,在图层上绘制一个蒙版,再选择台阶区域,如图 4-13 所示。

图 4-13　绘制蒙版(1)

单击"延时[平台]"图层左侧的三角按钮▶,展开"蒙版"节点,将"蒙版羽化"选项值设置为"500.0,500.0 像素",此时台阶和大楼融合比较自然,台阶有层次,如图 4-14 和图 4-15 所示。

图 4-14　设置"蒙版羽化"选项值

图 4-15　台阶与楼体效果

使用同样的方法,选择"延时[白云]"图层,使用钢笔工具为它绘制一个蒙版,如图4-16所示。

图4-16 绘制蒙版(2)

单击"延时[白云]"图层左侧的三角按钮▶,展开"蒙版"节点,将"蒙版羽化"选项值设置为"800.0,800.0像素",将图层混合模式设置为"相乘",如图4-17所示。这样蓝天和白云效果更明显,最终合成效果如图4-18所示。

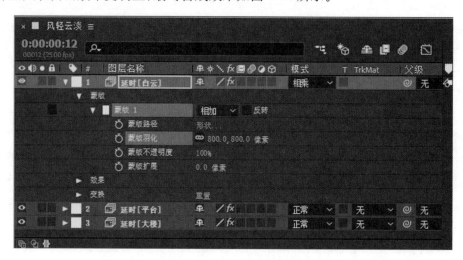

图4-17 设置"蒙版羽化"选项和模式

图4-18 最终合成效果

4．渲染输出

按 Ctrl+M 组合键打开"渲染队列"面板,对影片进行渲染输出。

4.1.5　任务评价

本任务的目的在于培养学生调节色彩及搭配色调的能力。通过"曲线""亮度和对比度"等特效的使用,增强图像的色彩饱和度和白云运动效果。在本任务中运用了蒙版和图层混合模式的相关操作,使画面效果更加逼真。

4.2　知 识 图 谱

4.2.1　认识色彩

色彩在影片中发挥着再现客观事物的写实功能,不少影片甚至是独具匠心地夸张强化某种色彩。色彩是影片中总体象征和表意的重要因素,承担着烘托环境、表现主题、塑造人物形象的作用。

1．色彩三要素

人眼看到的任何彩色光都是色彩三要素的综合效果,色彩三要素分别是色调(色相)、饱和度(纯度)和明度。其中,色调与光波的波长有直接关系,明度和饱和度与光波的幅度有关。

(1) 色相

色彩是由于物体上物理性的光反射到人眼视神经上所产生的感觉。如红色的花朵、绿色的树叶、蓝色的天空等,色的不同是由光的波长的长短差别所决定的。色相是指这些不同波长的色的情况。波长最长的是红色,波长最短的是紫色。把红、橙、黄、绿、蓝、紫和处在它们各自之间的红橙、黄橙、黄绿、蓝绿、蓝紫、红紫这6种中间色共计12种色作为色相环。在色相环上排列的色是纯度高的色,被称为纯色。这些色在环上的位置是根据视觉和感觉的相等间隔来进行安排的。用类似的方法还可以再分出差别细微的多种色来。在色相环上,与环中心对称,并在180°的位置两端的色被称为互补色。色相图谱如图4-19所示。

(2) 明度

明度是指色彩的明暗程度,也可以说是色彩中黑、白、灰纯度。无论投射光还是反射光,同一波长中光的振幅越宽,色光的明度越高。在不同波长中,振幅与波长的比值越大,明度值就越高。光线强的时候,感觉比较亮;光线弱的时候,感觉比较暗。明度高是指色彩比较鲜亮,明度低就是色彩比较昏暗。明度最适于表现物体的立体感和空间感,物体表面发射的光因波长不同而呈现出各种色相,由于反射同一波长的振幅不同,致使颜色深浅明暗有了差别。明度图谱如图4-20所示。

(3) 饱和度

饱和度就是颜色鲜艳的程度,也称为纯度,色彩的纯度越高,色彩越浓烈。它取决于一种颜色的波长单一程度,当混入与其自身明度相似的中性灰时,它的明度没有改变,纯度则降低。饱和度表示色相中彩色成分所占的比例,用百分比来衡量,0% 就是灰色,100% 就是完全饱和。

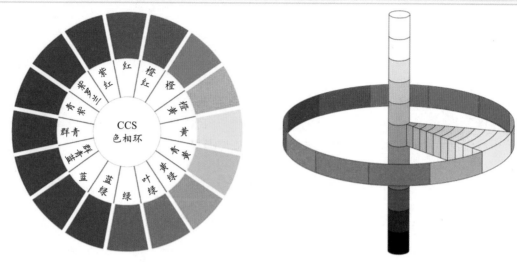

图 4-19 色相图谱　　　　　　　　　　　图 4-20 明度图谱

　　饱和度体现了色彩的内在性格,颜色纯度越高,混合次数越多。颜料中的红色是纯度最高的色相,橙、黄、紫色在颜料中是纯度较高的色相,蓝、绿色在颜料中是纯度较低的色相。高纯度的色相加黑或加白,就降低了该色相的纯度,同时也提高或降低该色相的明度。高纯度色相与同明度的灰色相混,形成同色相、同明度、不同纯度的系列。

　　色彩的纯度、明度不能成正比,纯度高不等于明度高。明度的变化和纯度的变化是不一致的,任何一种色彩加入黑、白、灰后,纯度都会降低,如图 4-21 所示。

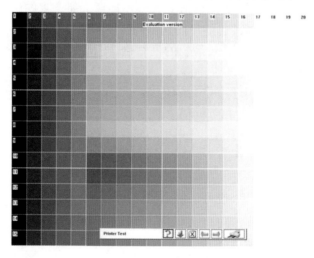

图 4-21 饱和度

2. RGB 色彩模式

　　RGB 色彩模式是通过对红 (Red)、绿 (Green)、蓝 (Blue) 三个颜色通道的变化以及它们相互之间的叠加来得到各式各样的颜色。RGB 即是代表红、绿、蓝三个通道的颜色,这个标准几乎包括了人类视力所能感知的所有颜色,是目前运用最广的颜色系统之一。

　　RGB 颜色称为加成色,通过将红色、绿色和蓝色添加在一起(即所有光线反射回眼睛）可产生白色。加成色用于照明光、电视和计算机显示器。例如,显示器通过红色、绿色和蓝色荧光粉发射光线产生颜色。绝大多数可视光谱都可表示为红、绿、蓝三色光在不同比例和强度上的混合。这些颜色若发生重叠,则产生青、洋红和黄,如图 4-22 所示。

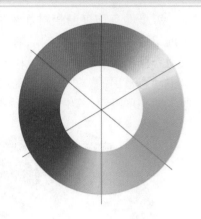

图 4-22　RGB 色相环

（1）RGB 色彩三原色——加色法原理

人的眼睛是根据所看见的光的波长来识别颜色的。可见光谱中的大部分颜色可以由三种基本色光按不同的比例混合而成,这三种基本色光的颜色以相同的比例混合且达到一定的强度,就呈现白色（白光）；若三种光的强度均为零,就是黑色（黑暗）。这就是加色法原理。加色法原理被广泛应用于电视机,监视器等主动发光的产品中。

（2）颜料三原色——减色法原理

在打印、印刷、油漆、绘画等靠介质表面的反射被动发光的场合,物体所呈现的颜色是光源中被颜料吸收后所剩余的部分,所以其成色的原理叫作减色法原理。减色法原理被广泛应用于各种被动发光的场合。在减色法原理中的三原色颜料分别是青（Cyan）、品红（Magenta）和黄（Yellow）。

3．色彩深度

在计算机图形学领域,色彩深度表示在位图或者视频帧缓冲区中储存 1 像素的颜色所用的位数（bpc）,它也称为位 / 像素 (bpp)。色彩深度越高,可用的颜色就越多。颜色深度简单来说就是最多支持多少种颜色,一般是用"位"来描述的。在 After Effects CC 中,可以使用 8bpc、16bpc 或 32bpc 颜色。

除色位深度之外,用于表示像素值数字的另外一个特性要确认是整数还是浮点数。浮点数可以表示具有相同位数的更大范围的数字。在 After Effects CC 中,32bpc 像素值是浮点值。8bpc 像素的每个颜色通道可以具有从 0.0（黑色）到 255.0（纯饱和色）的值。16bpc 像素的每个颜色通道可以具有从 0.0（黑色）到 32768.0（纯饱和色）的值。如果所有三个颜色通道都具有最大纯色值,则结果是白色。32bpc 像素可以具有低于 0.0 的值和超过 1.0（纯饱和色）的值,因此 After Effects CC 中的 32bpc 颜色也是高动态范围(HDR)颜色。HDR 值可以比白色更明亮,如图 4-23 所示。

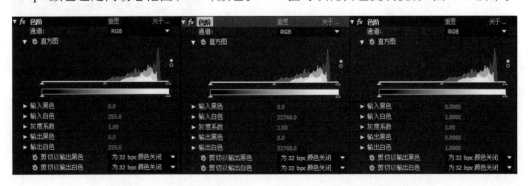

图 4-23　在同一画面下 8bpc、16bpc 和 32bpc 的色彩深度

每个颜色深度的相对优势：物理领域中的动态范围（暗区和亮区之间的比率）远远超过人类视觉可及的范围，以及纸上打印的图像或显示器上所显示图像的范围。低动态范围 8bpc 和 16bpc 颜色值只能表示从黑色到白色的 RGB 级别，这仅是现实世界中动态范围的一小部分。高动态范围 (HDR) 32bpc 浮点颜色值可以表示比白色高很多的亮度级别，其中包括像火焰或太阳一样明亮的对象，如图 4-24 所示。

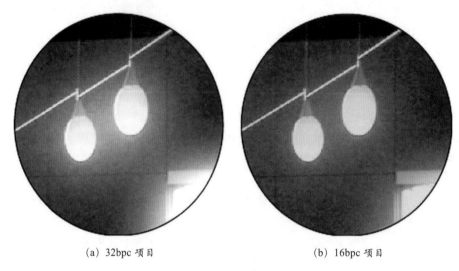

(a) 32bpc 项目　　　　　　　　　　　(b) 16bpc 项目

图 4-24　32bpc 项目和 16bpc 项目中的图像

4.2.2　色彩特效

After Effects CC 中有许多自带的调色滤镜，其中色阶和曲线是被大家所熟知的。

1."曲线"特效

After Effects CC 软件和 Photoshop 软件有着相同的调色效果，原理是一样的，如果熟悉 Photoshop 软件，就很容易入手。"曲线"特效可以在操作中精确地完成图像整体或局部的对比度、色调范围以及色彩的调节，在进行色彩校正调节的处理时，可以获得更多自由度，甚至可以让色彩暗淡的镜头焕发光彩，如图 4-25 和图 4-26 所示。

图 4-25 中曲线左下角的端点 A 代表暗调（黑场），右上角的端点 B 代表高光（白场），中间的过渡 C 代表中间调（灰场）。图形的水平轴表示输入色阶，垂直轴表示输出色阶。曲线初始状态的色调范围显示为 45° 的对角基线，输入色阶和输出色阶是完全相同的。曲线向上移动就是加亮，曲线向下移动就是减暗，加亮的极限是 255，减暗的极限是 0。

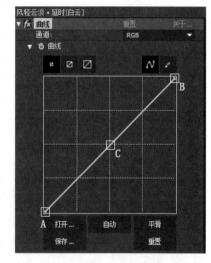

图 4-25　"曲线"特效

<table>
<tr><td>(a) 调节前</td><td>(b) 调节后</td></tr>
</table>

图 4-26　"曲线"特效调节前后的对比

提示

● 通道：选择需要调整的色彩通道，包括 RGB、红色、绿色、蓝色、Alpha 通道。

● 曲线：通过调整曲线的坐标或绘制曲线来调整图像色调。

● 切换 ▣☑☑：用来切换操作区域的大小。

● 曲线工具 ∿：使用该工具在曲线上添加节点。可以添加多个节点，以便进行曲线的调节。如果删除节点，只需要将选择的节点拖动到曲线图形之外即可。

● 铅笔工具 ✎：使用该工具可以在坐标图上任意绘制曲线。

● 打开：打开保存好的曲线，也可以打开 Photoshop 中保存的曲线文件。

● 自动：自动修改曲线，增加应用图层的对比度。

● 平滑：使用该工具可以使曲折的曲线变得平滑。可以多次使用。

● 保存：将当前色调曲线存储起来，以便以后重复利用。保存好的曲线文件可以应用到 Photoshop 中。

2."色阶"特效

"色阶"特效是用直方图来描述整个画面的明暗信息。通过调整图像的高光、中间调、暗部的关系，从而调整图像的色调范围、色彩平衡等，如图 4-27 所示。使用"色阶"特效可以扩大图像的动态范围（动态范围是指摄像机能记录的图像的亮度范围）、查看和修正曝光、提高对比度等。目前越来越多的数码单反相机和摄像机都采用信号直方图，为摄像师提供拍摄参考。

在图 4-27 中，直方图的 A 点控制输入黑色的阈值，用于控制黑色的输入量，数值越大颜色越深；B 点控制输入灰度系数的阈值，用于控制图像的中间调（阴影和高光的相对值）；C 点控

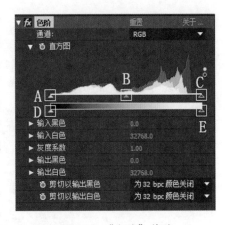

图 4-27　"色阶"特效

制输入白色的阈值，用于控制白色的输入量，数值越小，颜色越亮；D 点控制输出黑色的阈值，数值越大，深色色彩变淡；E 点控制输出白色的阈值，数值越小，颜色越深。也可以在下方数值上直接修改参数。色阶调节前后效果如图 4-28 所示。

(a) 调节前

(b) 调节后

图 4-28　色阶调节前后对比

📑 提示

● 通道：选择需要调整的色彩通道，包括 RGB、红色、绿色、蓝色、Alpha 通道，可以进行单独色阶的调整。

● 直方图：通过直方图可以观看到各个色彩通道的像素在图像中的分布，用来参考调整图像色调。

● A、B、C 点：输入黑色、灰度、白色控制。

● D、E 点：输出黑色、白色控制。

● 阈值：输入黑色、白色、灰度系数和输出黑色、白色的阈值与色彩深度有直接的关系，当 After Effects CC 中为 8bpc 时，每个颜色通道具有 0 ～ 255 的值；为 16bpc 时，每个颜色通道具有 0 ～ 32768 的值；为 32bpc 时，表示浮点值，即为高动态范围（HDR）。浮点颜色值可以表示比白色更高亮度级别的颜色，如火焰、太阳等。

3. "色相 / 饱和度"特效

"色相 / 饱和度"特效基于 HSB 颜色模式，可以调整图像的色调、亮度、饱和度。使用"色相 / 饱和度"特效可以调整整个图像或者单个颜色的色相、亮度、饱和度，是一个功能非常强大的图像色彩调整工具，如图 4-29 和图 4-30 所示。

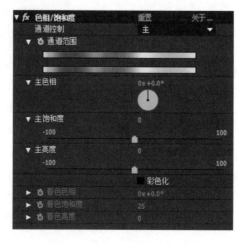

图 4-29　"色相 / 饱和度"特效

（a）调节前　　　　　　　　　　　　　　　（b）调节后

图4-30　"色相／饱和度"调节前后对比

📝 提示

● 通道控制：控制受特效影响的色彩通道，默认为"主"，表示影响所有的通道；其余通道包括红、黄、绿、青、蓝、品红，选择某种色彩后，通过"通道范围"选项可以查看和调节首次影响的色彩范围。

● 通道范围：显示通道控制某种颜色的范围，可以扩大、缩小受影响的范围。

● 主色相：控制所调节颜色通道的色调。

● 主饱和度：控制所调节颜色通道的饱和度。主饱和度数值越大，饱和度越高；反之饱和度越低。其数值范围为−100～100。

● 主亮度：控制所调节颜色通道的亮度。主亮度数值越大，亮度越高；反之亮度越低。其数值范围为−100～100。

● 彩色化：控制是否将图像设置为彩色图像。选中"彩色化"选项后，激活"着色色相""着色饱和度""着色亮度"属性。图像选择彩色化后，转换为单彩色灰度图像。

● 着色色相：将灰度图转换为彩色图像。

● 着色饱和度：控制彩色化图像的饱和度。

● 着色亮度：控制彩色化图像的亮度。

4．"颜色平衡"特效

"颜色平衡"特效主要依靠控制红、绿、蓝在阴影、中间调、高光之间的比重来控制图像的色彩，适用于精细调整图像的高光、暗部和中间调，如图4-31和图4-32所示。

fx 颜色平衡	重置	关于…
▶ ⏱ 阴影红色平衡	0.0	
▶ ⏱ 阴影绿色平衡	0.0	
▶ ⏱ 阴影蓝色平衡	0.0	
▶ ⏱ 中间调红色平衡	0.0	
▶ ⏱ 中间调绿色平衡	0.0	
▶ ⏱ 中间调蓝色平衡	0.0	
▶ ⏱ 高光红色平衡	0.0	
▶ ⏱ 高光绿色平衡	0.0	
▶ ⏱ 高光蓝色平衡	0.0	
⏱	■ 保持发光度	

图4-31　"颜色平衡"特效

(a) 调节前   (b) 调节后

图 4-32　颜色平衡调节前后对比

5."保留颜色"特效

"保留颜色"特效主要用于一些特殊效果,适用于图像中只保留某一种颜色,其余颜色变为灰度图像,如图 4-33 和图 4-34 所示。

图 4-33　"保留颜色"特效

(a) 调节前   (b) 调节后

图 4-34　"保留颜色"特效调节前后对比

6."照片滤镜"特效

"照片滤镜"特效主要用于一些预制好的色彩风格,如暖色滤镜、冷色滤镜等各种滤镜,类似镜头滤镜片,适用于简单调节画面风格,如图 4-35 和图 4-36 所示。

图 4-35　"照片滤镜"特效

（a）调节前　　　　　　　　　　　　　（b）调节后

图 4-36　"照片滤镜"特效调节前后对比

7. After Effects CC 色彩特效及作用

在上面的色彩特效中,我们选择了三个常用的色彩特效进行重点讲解。在 After Effects CC 软件中还有一些色彩特效,见表 4-1。

表 4-1　色彩特效及作用

名　称	作　用	使用程度
cc color neutralizer	色彩中和剂	低
cc color offset	色彩偏移	中
cc color kennel	色彩内核	低
cc toner	调色剂	低
PS 任意映射	映射与图像相反的颜色	低
保留颜色	选择某一颜色进行保留,保留色以外颜色变为灰度颜色	中
更改为颜色	选择某一颜色,将其更改至另一种颜色	低
更改颜色	选择某一颜色,通过色相变换成其他颜色	低
广播颜色	用于广播级别颜色,一般是指电视输出的颜色、After Effects CC 输出的视频,能够在电视上安全地播放,而不至于出现色彩溢出	低
黑色和白色	使画面变为灰色,可以单独调节每种颜色的深度	低
灰度系数 / 基值 / 增益	调节红色、绿色、蓝色的灰度系数 / 基值 / 增益	低
可选颜色	细调某种颜色中的其他颜色	低
亮度和对比度	调节图像的亮度、对比度	中
曝光度	对主通道或单个通道的曝光度、曝光偏移、灰度系数进行调节	低
曲线	对图像主通道或单个通道的对比度、色调范围进行色彩校正调节	高
三色调	对图像的高光、中间调、阴影三种色调进行调节	低
色调	将图像修改为黑白色调,可以将黑白色映射到另外两种颜色	低
色调均化	图像对比度、饱和度增强	中
色光	类似热感应效果	低
色阶	调整图像的高光、中间调、暗部的关系	高

续表

名　　称	作　　用	使用程度
色阶（单独控件）	调整图像的高光、中间调、暗部的关系，数值更精细	中
色相/饱和度	调节色相、饱和度、亮度	高
通道混合器	混合调节每个通道颜色	低
颜色链接	选取其他图层颜色进行混合	低
颜色平衡	对红色、蓝色、绿色的阴影、中间调、高光进行调整	中
颜色平衡（HLS）	对整体图像进行统一调节，包括色相、亮度、饱和度	高
颜色稳定器	根据周围颜色改变素材颜色	低
阴影/高光	对阴影和高光进行调节	中
照片滤镜	类似镜头滤镜片，有部分预制效果，也可以自定义	中
自动对比度	自动调节图像对比度	中
自动色阶	自动调节图像色阶	中
自动颜色	自动调节颜色	低
自然饱和度	简易调节图像饱和度	低

4.2.3　LUT 调用

LUT 是一个很简便的工具，能够快速实现画面调色。

大部分后期软件都可以使用 LUT，可以很方便地将其引入后期流程中。

通过使用 LUT 可以迅速达到很好的胶片质感和色彩，在此基础上稍作调整就能呈现很理想的色彩风格。

在 After Effects CC 中使用 LUT 有以下几种方法。

方法 1：选择"效果"→"实用工具"→"应用颜色 LUT"命令，然后选择所需的 LUT 文件并加载。

方法 2：安装 Magic Bullet Suite 调色插件套装。使用其中的 LUT Buddy 插件调取 LUT 文件（经测试，有时候该插件会导致软件崩溃）。

方法 3：安装 Magic Bullet Suite 调色插件套装。使用其中的 Magic Bullet Looks 插件调取 LUT 文件。这需要进入 Looks 的独立界面中，然后添加 LUT 工具，再浏览所需的 LUT 文件并加载。

越来越多的摄像机厂商推出了以 Log 曲线记录影像的摄像机，这样的原始素材可以更好地保存画面高光和阴影区域细节，同时，后期调色时也可以有更多控制余地。但是 Log 曲线记录的素材在常规视频 709 色彩空间显示时，会看到呈现出低饱和度的灰色。

各个摄像机厂商会提供针对自家品牌摄像机的色彩查找表（LUT）来进行色彩矩阵的转换，在后期校色流程中，制作人员往往会先在调色软件中载入 LUT，让计算机显示出"正常"的颜色，然后再进行下一步的校色。

4.3　情境设计——"春色满院"

4.3.1　情境创设

"春色满院"是一部反映大学校园中春天百花盛开、生机盎然的小短片。由数字媒体相关专业教师带领学生实景拍摄。在此项目中，我们拍摄了多个视频素材和延时照片，提供视音频素材，最终创作一个春色满院的短片。

本短片主要包括三部分。

第一部分：小片头和延时部分。

第二部分：拍摄实景。

第三部分：片尾。

短片镜头如图4-37所示。

图4-37　"春色满院"短片

4.3.2　技术分析

首先，根据本片情境创设中确定的风格，以"青春、活力、靓丽"为主要风格。画面色彩斑斓，色彩饱和度比较高，应尽量少用大面积黑色、深色。另外，还设计了本片的片名LOGO。

其次，根据本片风格选取节奏明快、向上的背景音乐。根据音乐节奏，用Premiere Pro软件剪辑本片，再用After Effects CC软件制作特技和色彩进行调整。

最后，制作本片片尾，整体把握本片风格和节奏，实现本片初期情境创设的预期效果。

4.3.3 项目实施

1. 设计片头 LOGO

运行 Photoshop 软件,选择"文件"→"新建"命令,新建一个文件,命名为"春色满院 LOGO",设置尺寸为 1920×1080 像素,分辨率为 72 像素/英寸,"颜色模式"为 RGB 颜色,"背景色"为白色。

根据情境创设确定的风格和色调,要体现色彩斑斓、青春活力等特点,用 Adobe Photoshop 设计本片 LOGO。关闭文件的背景层,存储文件为"春色满院 LOGO.psd",如图 4-38 所示。

图 4-38　片头 LOGO 的设计

2. 新建剪辑序列

运行 Premiere 软件,选择"文件"→"新建"→"新建项目"命令,新建一个名称为"春色满院"的项目。新建序列,命名为"春色满院剪辑",选项设置如图 4-39 所示。

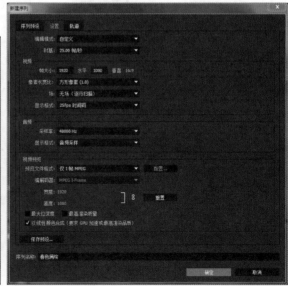

图 4-39　新建项目和序列

3．导入素材

在"春色满院"项目中选择"文件"→"导入"命令，将素材（延时素材、视频素材、LOGO 文件）分别导入"项目"面板中，如图 4-40 所示，再整理素材。

图 4-40　导入素材

4．镜头剪辑

根据本片风格选取节奏明快的背景音乐，导入音乐目录的"背景音乐"文件，根据音乐节奏，用 Premiere CC 软件剪辑本片，调节本片节奏。剪辑完成后，按 Enter 键预览本片，保存文件为"春色满院 .prproj"，关闭软件。打开 After Effects CC 软件进行调色和特效制作，如图 4-41 所示。

图 4-41　用 Premiere CC 软件剪辑后显示轨道素材

5．色彩调整

色彩调整镜头 1：将 4.1 节中的"风轻云淡"作品作为背景，再添加用 Photoshop 软件设计制作的"春色满院 LOGO"文件，如图 4-42 所示。

色彩调整镜头 2：这个镜头画面是逆光拍摄，太阳光出现的一瞬间会照射镜头。选择"效果"→"颜色校正"→"色阶"命令，调整图像，如图 4-43 所示。调整后镜头光晕更明显，如图 4-44 所示。

图 4-42　添加 LOGO　　　　　　　　图 4-43　"色阶"调色

(a) 调节前　　　　　　　　　　　　(b) 调节后

图 4-44　调色前后对比

色彩调整镜头 3：这个镜头画面是满树花开镜头，镜头背景为绿树。拍摄时，对室外色温设置偏冷，色彩调整的目的是把图像色彩整体向暖色调调节。目前画面整体偏蓝。选择"效果"→"颜色校正"→"色彩平衡"命令，把图像中"高光蓝色平衡"数值调整为−75。选择"效果"→"颜色校正"→"曲线"命令，添加"曲线"特效，将整体画面稍微加深一些，调整后画面色彩更丰富，背景绿色植物显得更加嫩绿，达到了较好的效果，如图 4-45 和图 4-46 所示。本片中类似色彩调整镜头可以参考此方法。

6．慢镜头制作

在本片中有 4 个学生跳起的镜头，从起跳到落下时间总计为 23 帧。在 After Effects CC 软件中可以使用"时间伸缩"来实现慢放的效果。选择"图层"→"时间"→"时间伸缩"命令，在弹出的"时间伸缩"对话框中，把"拉伸因数"修改为 300%，新持续时间就变成了原来时间的 3 倍，实现了慢镜头播放的效果，如图 4-47 所示。

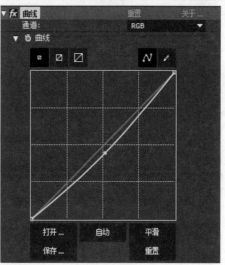

图 4-45 颜色调节

(a) 调节前　　　　　　　　　　　　(b) 调节后

图 4-46 颜色调节前后对比

图 4-47 时间伸缩

7. 蓝天效果

本片中餐厅的镜头由于是逆光拍摄,导致天空变成了白色,如图 4-48 所示,与本片整体风格不符。通过 After Effects CC 软件可以将天空颜色调整为蓝色。

图 4-48　餐厅镜头

　　选择餐厅素材镜头,按 Ctrl+D 组合键将餐厅素材镜头复制一份,关闭上层餐厅素材镜头,选择"效果"→"生成"→"梯度渐变"命令,为下层餐厅素材镜头添加"梯度渐变"特效。整个画面由上到下为黑白渐变,把黑色设置为接近蓝天的颜色,如图 4-49 所示。

图 4-49　梯度渐变效果

　　显示上层餐厅素材镜头,将图层混合模式设置为"相乘",此时梯度渐变和上层餐厅素材混合,有了天空变蓝的初步效果。进一步调整"起始颜色""结束颜色""渐变起点""渐变终点"等选项,得到餐厅素材镜头天空变蓝的效果,如图 4-50 所示。更精细的操作可以用钢笔工具结合蒙版效果把楼体建筑物抠出来,这样的天空更自然。

图 4-50　天空变蓝

8．渲染输出

　　选择"合成"→"添加到渲染队列"命令,输出影片。

4.3.4 项目评价

本项目设立情境,以校园短片制作为出发点,通过对素材的加工处理及音画配合,利用多种色彩调整特效对镜头画面进行色彩校正,从而培养学生色彩调整的能力。将色彩调整相关知识点的综合运用巧妙地融合在一个具体的实例当中,既具有一定的现实意义,又能增强学生的创新性。

4.4 拓展微课堂——主流视频格式的色彩调整

视频格式可以分为摄像机拍摄的适合本地播放的影像视频和适合在网络中播放的网络流媒体影像视频两大类。它们在各自领域都有不同的效果和用途。本节主要介绍色彩调节的主流视频拍摄格式。目前主流摄影机、摄像机主要拍摄格式有 Raw(包括 R3D、DNG)、LOG、MOV、MP4、MXF、MTS 等,现在主要介绍下面两种。

1. Raw

拍摄 Raw 格式是在 RED ONE 摄影机上市的时候流行起来的。Raw 是什么? 简单来说,就是在感光器运作生成图像之前的数据信息。拍摄 Raw 格式视频的优势在于在拍摄时不会有任何的视频处理,普通的视频都会经过不同程度的压缩,Raw 视频格式保存白平衡、ISO 或者其他任何的颜色调整,后期空间非常大。

Raw 数据并不是无压缩,相反 Raw 数据是经常被压缩过的。RED ONE 摄影机录制的是 REDCODE 压缩格式的文件,然后可以选择 3∶1 ~ 18∶1 的压缩率。同样,SONY F65 摄影机在 F65 Raw 模式下有 3∶1 和 6∶1 的压缩比选项。Raw 数据信息和视频压缩是相似的方式,而成像压缩方面也是和压缩视频一样,会有画质损失。

为了能够更深入地了解 Raw 格式在 After Effects CC 软件中的色彩调整效果,在素材库中准备了用 RED ONE 摄影机拍摄的 R3D 文件,对 Raw 格式调色进行简单讲解。

导入 R3D 格式视频文件进行调色,选择"文件"→"导入"命令或者在"项目"面板空白区域双击来导入文件,选择 R3D 文件。新建"合成",命名为"R3D 调色",画面尺寸 1920×1080 像素,尺寸比为 16∶9,"帧速率"为 25 帧/秒,"持续时间"为 0∶00∶10∶00。将 R3D 文件拖动到"时间轴"面板中,可以进行色彩调整,本项目对应的 R3D 素材缩放到原来的 1/2 大小,如图 4-51 所示。

图 4-51　R3D 文件素材

在 After Effects CC 软件中对 R3D 文件格式调色没有特别之处,但是在相同的色彩调整范围下,R3D 文件格式具有更大的可调节范围,具有更多可操作性。我们随机导入普通摄像机拍摄的一段素材和 R3D 文件进行对比,同样将色彩饱和度提高 50%,会发现普通摄像机拍摄的素材经处理后色彩已经严重溢出,而 R3D 文件的画质没有损失,如图 4-52 所示。

(a) R3D 文件   (b) 普通摄像机拍摄的素材

图 4-52 提高色彩饱和度的画面

当然,不是在同等环境下拍摄的素材不具有可比性,那么可以到 Premiere 软件中来看一下 R3D 文件的优势。

打开 Premiere CC 软件,导入同样的 R3D 文件,将 R3D 文件拖动到"时间轴"面板中,打开效果控件,单击效果控件左侧的"主要"菜单,R3D 文件的"RED 源设置"节点下各种选项就显示出来了,如图 4-53 所示。

"色温""ISO"等拍摄选项都可以修改,相当于调节摄影机的拍摄参数,对图像画质没有一点影响。在"颜色设置"选项区中的"颜色版本""色彩空间""灰度系数曲线""饱和度""对比度""亮度"等选项也都可以调节,而且可调节范围更大,如图 4-54 和图 4-55 所示。"RED 源设置"节点下还有"曲线设置""提升设置""灰度系数设置""增益设置"等选项区。

总之,摄像师在拍摄时,只要焦点准确,画面不是过度曝光,在后期处理上都能轻松解决。

2. LOG 模式

数字视频采用的是 LOG 模式,这是一种电影平台之间的匹配格式,使用一个平坦的对数曲线来表示数据。因为形态与对数函数类似,所以叫作 LOG。由于 LOG 模式的色彩空间很大,宽容度也相应变大,这样,摄影机的动态范围就能发挥到极致,如图 4-56 所示。

LOG"平化"相机捕获的影像信息具有"全动态范围"记录的特点,因此 LOG 图像看起来会很灰、很平,但其间蕴含和记录了丰富的亮部和暗部细节。要用好 LOG 图像并呈现胶片一样的效果,就必须在灰画面的基础上调色,因此 LOG 素材必须配合和加载 LUT 才能正确显示和进行电影级调色。

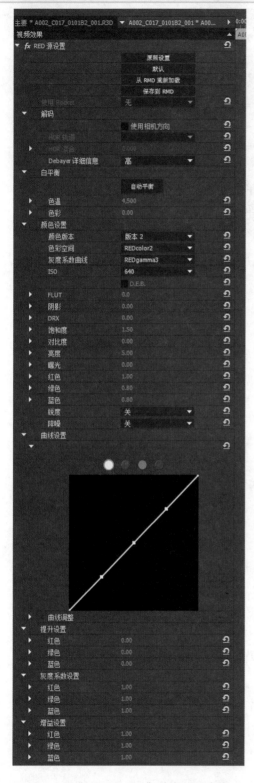

图4-53　"RED 源设置"节点下的选项

（a）调节前

（b）调节后

图 4-54　画面调节前后对比

图 4-55　对一些选项调节后的不同画面效果

图 4-56　LOG 模式调色前后对比

4.5　模块小结

本模块主要讲述影视制作中色彩的调整方法。通过对普通的图像进行色彩调整，使图像色彩得到预期的效果，满足制作的要求。通过"风轻云淡"案例，让大家可以熟悉图像色彩调整的设置；通过情境设计"春色满院"，学生可以熟练掌握色彩调整及影片整体色彩风格的把控。

同时，通过扫描二维码可以观看本模块完整的教学视频，学生可以进行自主学习。

4.6　模块测试

一、填空题

1．如果要使图像色彩更鲜亮，纯度更高，可以选择_____特效。

2．8bit 深度的含义是_____。

3．_____特效可以通过调整图层的亮度和对比度来调整画面效果。

4．对图像的某个色域局部进行调节，应该使用_____调色方式。

5．在图层的属性中具备空间差值的属性有_____。

6．_____可以将影片中选择的颜色仍旧保持，将其他颜色转换为灰度显示。

二、实训题

创作思路：根据本模块所学知识，结合本书所给的拍摄素材，制作 1～2 分钟反映春天的短片。

创作要求：①节奏明快；②色彩鲜艳；③画面与音乐节奏搭配；④符合春天的主题。

模块5　抠像技巧

在影视节目中,常看到许多不可思议的场面,如演员置身于一些虚幻的场景中飞檐走壁的特效镜头,这些镜头正是通过抠像技术实现的。抠像就是将主体从背景中提取出来,然后与计算机制作的虚拟背景结合在一起。

🕐 关键词
抠像　Keylight 特效　蒙版

🕐 任务与目标
(1)边做边学——"三生三世　十里桃花"。熟悉 Keylight 特效抠像的作用及基本操作。

(2)知识图谱——了解并掌握所有的抠像特效。

(3)情境设计——"天空之城"。熟练掌握抠像特效,并制作综合案例。

🕐 二维码扫描
可扫描以下二维码观看本模块教学视频。

三生三世　十里桃花　　　　　　　天空之城

5.1　任务:边做边学——"三生三世　十里桃花"

5.1.1　任务描述

本任务通过设计情境,利用提供的多组绿屏抠像素材,通过尝试不同的抠像方法,实现抠像效果。然后通过后期合成,实现一定的艺术情境,如图 5-1 所示。

图 5-1　"三生三世　十里桃花"合成效果

5.1.2　任务分析

（1）通过"颜色范围"特效，实现"题目"图层抠像效果。

（2）通过"线性颜色键"特效并添加遮罩，实现"人物1"抠像效果。

（3）通过Keylight特效，实现"人物2"抠像效果。

（4）通过Keylight特效和"颜色范围"特效，实现"桃花1"和"桃花2"抠像特效。

5.1.3　任务实施

1．新建"合成"

运行After Effects CC软件，导入素材文件夹中的素材"背景.jpg""人物1.jpg""人物2.jpg""题目.jpg""桃花2.jpg"。

新建"合成"，命名为"三生三世　十里桃花"，设置尺寸为1200×560像素，像素长宽比为方形像素，持续时间为0:00:10:00。

2．背景抠像

在"时间轴"面板中将"背景.jpg"图层放置在合成最底层，将"桃花1.jpg"图层放置在"背景.jpg"图层上方。选择"桃花1.jpg"图层，选择"效果"→"抠像"→"颜色范围"命令，使用拾色器工具选取"屏幕颜色"为素材中的白色，去掉"桃花1.jpg"图层的白色背景，使其透明，如图5-2所示。

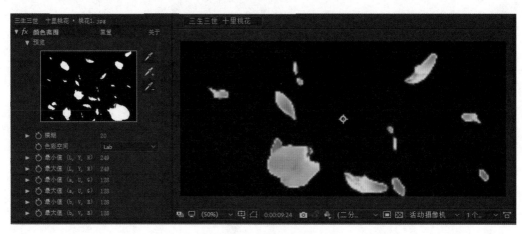

图5-2　添加"颜色范围"特效

选择"桃花1.jpg"图层，激活图层的"缩放"属性，在第0:00:00:00帧设置缩放数值为"170.0，170.0%"；在第0:00:10:00帧设置缩放数值为"300.0，300.0%"，实现画面放大的运动效果。

3．题目抠像

在"时间轴"面板中将"题目.jpg"图层放置在"桃花1.jpg"图层上方。选择"效果"→"抠像"→"颜色范围"命令，使用拾色器工具选取"屏幕颜色"为素材中的白色，去掉"题目.jpg"图层的白色背景，使其透明；选择"题目.jpg"图层，激活图层的"缩放"属性，在第0:00:00:00帧设置缩放数值为"100.0，100.0%"；在第0:00:03:00帧设置缩放数值为"33.0，33.0%"，实现画面缩小的运动效果。在"合成"窗口中的显示如图 5-3 所示。

图 5-3　题目抠像的设置

4．人物抠像

在"时间轴"面板中将"人物 1.jpg"图层放置在"题目 .jpg"图层上方。选择"效果"→"抠像"→"线性颜色键"命令,使用拾色器工具选取"屏幕颜色"为素材中的绿色,去掉绿色背景。在"合成"中调整好图像的位置和大小。用钢笔工具为去掉背景色的"人物 1.jpg"图层添加蒙版,设置蒙版羽化数值为"150.0,150.0",效果如图 5-4 所示。在第 0 :00 :02 :00 帧设置"人物 1.jpg"图层的不透明度为 0%,在第 0 :00 :03 :00 帧设置"人物 1.jpg"图层的不透明度为 100%,添加人物的淡入效果。

图 5-4　用"线性颜色键"抠像并设置蒙版羽化值

在"时间轴"面板中将"人物 2.jpg"图层放置在"人物 1.jpg"图层上方。选择"效果"→"抠像"→ Keylight（1.2）命令,使用拾色器工具选取"屏幕颜色"为素材中的绿色,去掉绿色背景。在"合成"中调整好图像的位置和大小,效果如图 5-5 所示。在第 0 :00 :04 :00 帧设置"人物 2.jpg"图层的不透明度为 0%,在第 0 :00 :05 :00 帧设置"人物 2.jpg"图层的不透明度为 100%,添加人物的淡入效果。

图 5-5　用 Keylight（1.2）命令抠像

5．桃花抠像

在"时间轴"面板中将"桃花 2.jpg"图层放置在"人物 2.jpg"图层上方。选择"效果"→"抠像"→Keylight（1.2）命令,使用拾色器工具选取"屏幕颜色"为素材中的绿色,设置"屏幕增益"选项值为 133,完全去掉绿色背景。在第 0 :00 :04 :00 帧设置"桃花 2.jpg"图层的位置属性为"892.0，−140.0",缩放属性为"100.0，100.0%",旋转属性为"0x，+0.0°";在第 0 :00 :06 :00 帧设置位置属性为"666.0，295.0",缩放属性为"20.0，20.0%",旋转属性为"1x，+0.0°",实现桃花旋转飘入画面的动画,如图 5-6 所示。

图 5-6　最终的"合成"效果及时间轴关键帧的设置

6．渲染输出

按 Ctrl+M 组合键打开"渲染队列"面板,对影片进行渲染输出。

5.1.4 任务评价

本任务是抠像与色彩调整的一次综合实战演练,将多个素材通过不同的抠像特效分别抠像。同时添加蒙版及羽化效果,实现素材之间的合成与融入。本任务同时添加一定的关键帧动画,使其符合题目表达的意境。

5.2 知识图谱

5.2.1 抠像原理

蓝屏和绿屏抠像技术、摄像机追踪技术、动作捕捉技术等构成了今天的数字电影技术。抠像也称为"键控",即选取一种颜色,让它变为透明,将主体从背景中提取出来。抠像是图面合成的基础,使用抠像技术产生一个 Alpha 通道来识别图像中的不透明度信息,然后与计算机制作的场景或其他场景进行叠加合成。因为人的肤色不含有蓝色和绿色,为便于后期进行抠像处理,所以一般情况下,总是以蓝色和绿色为背景。如我们熟知的天气预报节目,就是通过对主持人蓝色背景的抠像,再与气象云图后期合成后制作而成。随着计算机技术的发展,越来越多的影视节目依赖抠像特效。

5.2.2 抠像技巧分析

1. CC 简单金属丝移除特效

在影视作品创作中,常常需要给演员吊威亚来完成一些飞檐走壁的特效,而后期为演员擦除钢丝的工作就变得很烦琐。CC 简单金属丝移除特效,可以将拍摄特技时使用的钢丝快速地擦除,参数设置如图 5-7 所示,金属丝移除效果如图 5-8 所示。

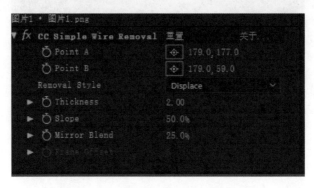

图 5-7　CC 简单金属丝移除参数的设置

- Point A(点 A)和 Point B(点 B):点 A 和点 B 是通过调整该选项中的两个参数设置起点和终点的位置。
- Removal Style(移除风格):有 4 个选项,分别是衰减、帧偏移、置换、水平置换。
- Thickness(厚度):可以设置擦除线段的宽度。
- Slope(倾斜):可以设置擦除的强度。
- Mirror Blend(镜像混合):可以设置混合程度。
- Frame Offset(帧偏):可以设置框架偏移的量。

图 5-8　CC 简单金属丝移除效果

2. Keylight 键控特效

Keylight 键控特效可以通过选择屏幕颜色将该颜色去除。图 5-9 和图 5-10 所示为通过 Keylight 键控特效将绿色的背景色去除和图像"合成"的参数设置及效果。

图 5-9　Keylight 参数的设置

- View（视图）：视图选项可以设置图像在"合成"窗口中的显示方式。
- Screen Colour（屏幕颜色）：通过单击颜色按钮或拾色器按钮选择要去除的颜色。
- Screen Balance（屏幕均衡）：通过调整参数可以设置屏幕颜色的平衡度。
- Screen Matte(屏幕蒙版)、Inside Mask(内侧蒙版)和 Outside Mask(外侧蒙版)：可以对影像进行细部的抠除或恢复。
- Foreground Colour Correction（前景色校正）和 Edge Colour Correction（边缘色校正）：可以进行色彩设置。

图 5-10 Keylight 键控特效的效果

3．内部 / 外部键

"内部 / 外部键"特效通过手绘蒙版来对图像进行抠像。在"图层"面板的遮罩通道上绘制一个遮罩,将其指定给特效的前景或背景属性,参数设置如图 5-11 所示,效果如图 5-12 所示。

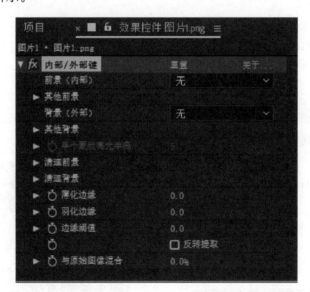

图 5-11 "内部 / 外部键"参数的设置

- 前景(内部):前景选项可选择前景层的蒙版层,该层所包含的素材将作为"合成"中的前景层。添加前景选项具有同样的功能。
- 背景(外部):背景选项的功能与前景选项的功能相似,作为"合成"中的背景层。添加背景选项同样作为"合成"中的背景层。
- 边缘阈值:通过调整该选项中的参数可以设置蒙版边缘的值,较大值可以向内缩小蒙版的区域。
- 反转提取:选中该复选框可反转蒙版。
- 与原始图像混合:可以定义填充的颜色和原图像的混合程度。

图 5-12 "内部 / 外部键"特效的效果

4．差值遮罩

"差值遮罩"特效是通过对两张图像进行比较而对相同区域进行抠除。该特效适于对运动物体的背景进行抠像。"差异层"下拉列表中的不同选项可用来定义作为抠像参考的合成层素材。

5．抠像清除器

利用"抠像清除器"特效可恢复通过典型抠像效果抠出的场景中的 Alpha 通道细节，包括恢复因压缩而丢失的细节。如果本应锐化的边缘混入了半透明的效果，需要使用效果蒙版来限制抠像清除器效果影响预期的区域，选项如图 5-13 所示。

6．提取

"提取"特效是对图像中非常明亮的白色部分或很暗的黑色部分进行抠像。该特效适合于有很强的曝光度背景或者对比度比较大的图像，如图 5-14 所示。

图 5-13 "抠像清除器"特效的选项   图 5-14 "提取"特效的选项

- 直方图：该图表显示用于抠像选项的色阶。左端为黑色平衡输出色阶，右端为白色平衡输出色阶。调整下方的参数将改变图表的曲线形状。
- 通道：用于选择要抠像的色彩通道。黑色 / 白色部分设置色阶黑平衡或白平衡的最大值。

● 黑色／白色柔和度：设置色阶黑平衡或白平衡的柔和度。

● 反转：反转黑平衡或白平衡。

7．线性颜色键

"线性颜色键"特效采用 RGB、色相和色度的信息来对图像进行抠像处理。该特效不仅能够用于抠像，还可以保护被抠掉或指定区域的图像像素不被破坏，是常用的抠像特效，如图 5-15 所示。

图 5-15　"线性颜色键"特效选项的设置及效果

● 预览和视图：显示原始素材和视图选项所形成的图像，利用吸色管可选择抠像颜色。

● 主色：选择主要抠像颜色。

● 匹配颜色：选择用于调节抠像的色彩空间。

● 匹配容差：设置抠像颜色的容差范围。

● 匹配柔和度：设置透明与不透明像素间的柔和度。

● 主要操作：控制是否保留某种颜色不被抠像。

8．颜色范围

"颜色范围"特效通过设置一定范围的色彩变换区域对图像进行抠像。一般用于非统一背景颜色的画面抠除，如图 5-16 所示。通过设定"色彩空间"选项中 Lab、YUV 或 RGB 选项调整最大、最小选项值和"模糊"选项中的参数，可以完成背景色彩比较复杂素材的抠像。

图 5-16　"颜色范围"特效选项的设置及效果

9. 颜色差值键

"颜色差值键"特效将指定的颜色划分为 A、B 两部分,实施抠像操作。在图像 A 中,需要用吸色管指定出需要抠除的颜色;在图像 B 中,同样也需要指定抠除不同于图像 A 的颜色。两个黑白图像相加会得到色彩抠像后的 Alpha 通道。

在该特效的选项中,通过调整 A 部分、B 部分和蒙版的灰度系数选项中的参数,可设置灰度系数在各个选项中的校正值;通过调整 A 部分和 B 部分的黑、白输出中的参数,可分别设置溢出黑、白平衡;同样通过调整 B 部分和蒙版的黑、白输入中的参数,可分别调节非溢出黑、白平衡。参数设置及效果如图 5-17 和图 5-18 所示。

图 5-17 "颜色差值键"参数的设置

图 5-18 "颜色差值键"效果

10．高级溢出抑制器

利用"高级溢出抑制器"特效可去除用于颜色抠像的彩色背景中的前景主题颜色的溢出。有两种溢出抑制方法："标准"方法，比较简单，可自动检测主要抠像颜色，需要的用户操作较少；"极致"方法，是基于 Premiere Pro 中的"极致键"效果的溢出抑制。

11．溢出抑制

"溢出抑制"特效并非用于抠像，它的主要作用是对抠完像的素材进行边沿部分的颜色压缩，经常用于蓝屏或绿屏抠像后处理一些细节。

12．亮度键

"亮度键"特效根据图像像素的亮度不同来进行抠图，该特效主要运用于图像对比度较大而色相变化不大的图像。该特效的参数设置如图 5-19 所示。

● 键控类型：通过在该下拉列表中选择不同的模式进行抠像。

● 阈值：设置抠像的程度。

● 容差：设置抠像颜色的容差范围。

● 薄化边缘：用于修补图像的 Alpha 通道。在生成

图 5-19　"亮度键"参数设置

Alpha 图像后，沿边缘向内或向外添加若干层像素。

● 羽化边缘：对生成的 Alpha 通道进行羽化边缘处理，从而使蒙版更加柔和。

13．颜色键

"颜色键"特效通过设置或指定图像中某一像素的颜色来把图像中相应的颜色全部抠除。

14．遮罩阻塞工具

"遮罩阻塞工具"特效可重复一连串阻塞和扩展遮罩操作，以在不透明区域填充不需要的缺口或透明区域。

15．简单阻塞工具

"简单阻塞工具"特效可以增量缩小或扩展遮罩边缘，以便创建更整洁的遮罩。"最终输出"视图用于显示应用此效果的图像，"遮罩"视图用于为包含黑色区域（表示透明度）和白色区域（表示不透明度）的图像提供黑白视图。"阻塞遮罩"用于设置阻塞的数量。负值用于扩展遮罩，正值用于阻塞遮罩。

5.3　情境设计——"天空之城"

5.3.1　情境创设

宫崎骏的《天空之城》为我们构建起了一个美妙的童话，巨大的城堡承载着美丽的花园漂浮在空中，纵使几个世纪的沧海桑田，也依旧在等待着自己的主人归来。在此项目中，我们设计一个情境，提供视音频素材，创作一个"天空之城"视频，效果如图 5-20 所示。

图 5-20　"天空之城"视频效果

5.3.2　技术分析

（1）通过特效 Keylight（1.2）命令实现"瀑布"和"烟雾"的抠像效果。

（2）通过"颜色平衡"特效调节素材颜色，实现合成色调的统一。

5.3.3　项目实施

1．新建"合成"

运行 After Effects CC 软件，新建"合成"，命名为"天空之城"，设置尺寸为 1920×1080 像素，像素长宽比为方形像素，"帧速率"为 25 帧 / 秒，"持续时间"为 0 :00 :10 :00，"背景色"为白色。导入所有素材。

2．制作城堡素材

将"城堡素材 .png"拖动到"时间轴"面板中，调整缩放比例为 90%。选择"城堡素材 .png"图层，选择"效果"→"颜色校正"→"颜色平衡"命令，为图层添加颜色平衡效果 ；选中"保持发光度"复选框。城堡效果和设置参数如图 5-21 所示。

图 5-21　为城堡添加颜色平衡设置

3．制作岩石素材

将"岩石.psd"素材拖动到"时间轴"面板中,将"岩石.psd"素材置于"城堡素材.png"素材的下方,添加钢笔遮罩,效果如图5-22所示。

选择"城堡素材.png",在"效果控件"面板中复制"颜色平衡"效果;选择"岩石.psd"图层,复制效果,使岩石的色调与城堡趋于一致。

4．制作瀑布素材

将"瀑布流体绿屏抠像视频素材.mov"素材拖动到"时间轴"面板中,将图层重命名为"水流1"并将图层置于最顶层。选择

图5-22　为岩石添加钢笔遮罩

"效果"→"抠像"→Keylight（1.2）命令,使用拾色器工具选取"屏幕颜色"为素材中的绿色,去掉绿色背景。调整素材大小,放置到适合位置,效果如图5-23所示。

图5-23　制作瀑布素材

按Ctrl+D组合键将"瀑布流体绿屏抠像视频素材.mov"图层复制两份,重命名为"水流2""水流3",调整位置和缩放属性,增强瀑布效果,如图5-24所示。

5．添加背景

将"背景.avi"素材拖动到"时间轴"面板中,将其置于最底层,调整大小,效果如图5-25所示。

6．添加白云素材

将"白云.mov"素材拖动到"时间轴"面板中,将其置于最顶层。选择"效果"→"抠像"→Keylight（1.2）命令,使用拾色器工具选取"屏幕颜色"为素材中的绿色,去掉绿色背景,最终合成效果如图5-26所示。

图 5-24　增强瀑布效果

图 5-25　添加背景素材

图 5-26　最终合成效果

7．渲染输出

按 Ctrl+M 组合键打开"渲染队列"面板，对影片进行渲染输出。

5.3.4 项目评价

本项目设立情境，以"天空中的城堡"这一虚构目标为出发点，通过对素材的加工处理，利用 Keylight 抠像、色彩调节、图层合成等方法培养学生的抠像能力和构图能力，同时增强学生的创新性。

5.4 拓展微课堂——虚拟演播室

你知道天气预报是怎么制作出来的吗？主持人播报天气时，背后并不是气象云图，而仅仅是一块蓝色的布景，其效果是后期的抠像技术合成画面的最典型案例，如图 5-27 所示。

图 5-27 虚拟演播室制作的天气预报节目

虚拟演播室是近年发展起来的一种独特的电视节目制作技术，它的实质是将计算机制作的虚拟三维场景与电视摄像机现场拍摄的人物活动图像进行数字化的实时合成，使人物与虚拟背景能够同步变化，从而实现两者天衣无缝的融合，以获得完美的合成画面。

虚拟演播室技术包括摄像机跟踪技术、计算机虚拟场景设计、色键技术、灯光技术等。在传统色键抠像技术的基础上，充分利用计算机三维图形技术和视频合成技术，根据摄像机的位置与参数，使三维虚拟场景的透视关系与前景保持一致。经过色键合成后，使得前景中的主持人看起来完全融合在计算机所产生的三维虚拟场景中，而且能在其中运动，从而创造出逼真的、立体感很强的电视演播室效果。

5.5 模 块 小 结

本模块主要讲述影视制作中的抠像技巧。通过对绿幕素材进行抠像处理，可以将人物与背景完美地结合。通过对颜色的调节，实现影片色彩的协调统一。可通过案例"三生三世 十里桃花"的练习，让大家熟悉抠像的几种常用方式；知识图谱环节系统地讲述了几种抠像的原理与操作方法；情境设计"天空之城"通过设计唯美的意境，使学生熟练掌握绿幕抠像处理以及对颜色的综合调整。

同时，通过扫描二维码可以观看本模块完整的教学视频，学生可以进行自主学习。

5.6　模　块　测　试

一、填空题

1. ＿＿＿＿＿＿＿＿特效根据图像像素的亮度不同来进行抠图。该特效主要运用于图像对比度较大但色相变化不大的图像。

2. ＿＿＿＿＿＿＿＿特效通过设置一定范围的色彩变换区域对图像进行抠像。一般用于非统一背景颜色的画面抠除。

3. ＿＿＿＿＿＿＿＿特效采用RGB、色调和色度的信息来对图像进行抠像处理。该特效不仅能够用于抠像，还可以保护被抠掉或指定区域的图像像素不被破坏，是常用的抠像特效。

4. ＿＿＿＿＿＿＿＿特效通过手绘遮罩来对图像进行抠像。在"图层"面板中的遮罩通道上绘制一个遮罩，将其指定给特效的前景或背景属性。

5. ＿＿＿＿＿＿＿＿工具是其他三种摄像机工具的集合，可以自由操作摄像机。

6. 在"时间轴"面板中按＿＿＿＿＿＿＿＿键，可以设置工作区的结束点。

二、赏析题

赏析电影《疯狂的赛车》特技片段。

《疯狂的赛车》是一部优秀的喜剧电影，其中有一个片段深入人心：两个敌对势力的人物居心叵测，将一只打火机扔进漆黑的屋内，瞬间点燃了泄漏的煤气，一个震撼的爆炸场面开始了，屋内的桌椅全都炸碎了，坏人也在爆炸气流的冲击下被炸飞。慢镜头将这一爆炸场景描述到了极致。请赏析影片，探究抠像后期特效在影片中的运用。

模块6 三维空间

在三维空间中，X轴、Y轴和Z轴构成了具有宽度、高度和深度的三维空间。After Effects CC不能像三维制作软件那样进行三维建模，但通过三个维度的空间位置表现及强大的摄像机功能和灯光效果能够模仿现实世界中的透视、光影效果，给人以"身临其境"的三维感受。

⏱ 关键词

三维图层　摄像机　灯光

⏱ 任务与目标

（1）边做边学——"时空隧道"。熟悉三维空间及三维图层的设置。

（2）知识图谱——掌握三维对象的操作方法。

（3）情境设计——"远离酒驾"。熟练掌握三维空间的建立和摄像机的运用。

⏱ 二维码扫描

可扫描以下二维码观看本模块教学视频。

时空隧道

远离酒驾

6.1 任务：边做边学——"时空隧道"

6.1.1 任务描述

After Effects CC尽管是一个纯粹的二维合成与特效软件，但同样可以实现漂亮的三维空间合成效果。利用After Effects CC完成三维空间合成具有非常重要的实际意义。本任务提供素材，在After Effects CC软件中将素材三维化，再添加调色等多种效果，实现三维空间的动态虚拟时空隧道效果。

6.1.2 任务目标

本任务通过对素材的加工处理，利用素材和三维图层属性建立起正确的空间关系。同时建立摄像机和灯光，实现如图6-1所示的三维空间特效。

图 6-1 "时空隧道"效果

6.1.3 任务分析

第一步,对素材进行处理；第二步,将二维图层转换为三维图层；第三步,对图层三维空间的位置属性和旋转属性进行处理；第四步,添加摄像机运动效果；第五步,添加灯光效果,增强现实。

6.1.4 任务实施

1．新建"合成"

运行 After Effects CC 软件,新建"合成",命名为"时空隧道",设置尺寸为 720×576 像素,"帧速率"为 25 帧 / 秒,"持续时间"为 0 :00 :10 :00,"背景色"为白色。导入素材"墙面 .jpg"。

2．三维图层设置

将"墙面 .jpg"素材拖动到"时间轴"面板中,激活图层的 3D 图层开关 ◉,将二维图层转换为三维图层,操作如图 6-2 所示。

图 6-2 激活图层的 3D 图层开关

将"墙面 .jpg"图层重新命名为"墙面 - 左 .jpg"。按 R 快捷键展开图层的"旋转"属性,使图层沿着 Y 轴旋转 90°,如图 6-3 所示。经过三维旋转之后,呈现在"合成"窗口中的画面显示为一条直线。

按 Ctrl+D 组合键复制图层,重命名为"墙面 - 右 .jpg"。

图 6-3 设置三维旋转属性

📋 提示

三维图层的位置属性有 X、Y、Z 三个轴向，如图 6-4 所示。X 轴向用红色箭头标示，Y 轴向用绿色箭头标示，Z 轴向由蓝色箭头标示。当鼠标光标分别放置在相应箭头上，即显示相应的轴向信息。

在"合成"窗口中，将鼠标光标放置在 Z 轴方向并拖动，可调整两个图层的空间位置关系，如图 6-5 所示。

图 6-4 三维图层的空间属性

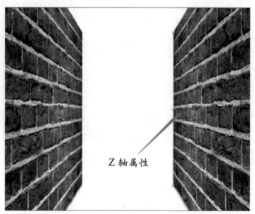

图 6-5 调整三维图层的空间属性（1）

3．三维空间建立

选择图层"墙面 - 右 .jpg"，按 Ctrl+D 组合键两次复制图层，分别命名为"墙面 - 上 .jpg"和"墙面 - 下 .jpg"。选择图层"墙面 - 上 .jpg"，按 R 键展开图层的"旋转"属性，调整 X、Y、Z 轴的旋转属性分别为 90°、180°、90°。对图层"墙面 - 下 .jpg"进行同样的调整，如图 6-6 所示。调整后图层在"合成"窗口中的位置如图 6-7 所示。可以通过摄像机视图来分别观察合成在空间中的位置情况，如图 6-8 所示。

图 6-6　调整三维图层的空间属性（2）

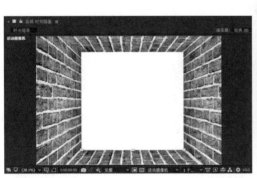

图 6-7　"合成"窗口的显示效果

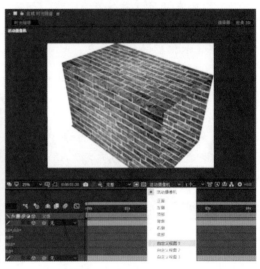

图 6-8　摄像机视图

4. 添加纵深延展效果

为了实现纵深空间效果，为图层添加动态拼贴效果。分别选择四个图层，选择"效果"→"风格化"→"动态拼贴"命令，为图层设置动态拼贴选项，设置平铺的"输出宽度"为1000.0。同时选中"镜像边缘"，如图6-9所示。"合成"窗口的效果如图6-10所示。

5. 添加内墙

将"墙面.jpg"素材再次拖动到"合成"窗口中作为内墙，修改图层名称为"内墙"。打开其三维图层开关，设置其位置和大小，合成效果如图6-11所示。

6. 添加摄像机层

选择"图层"→"新建"→"摄像机"命令，建立摄像机图层，采用默认选项。

用统一摄像机工具 ▦ 查看在"合成"窗口中的空间显示。在"合成"窗口下方的摄像机视图中选择"摄像机 1",如图 6-12 所示。

图 6-9　设置动态拼贴选项

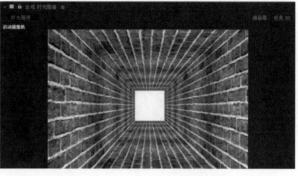

图 6-10　"合成"窗口的效果

图 6-11　内墙的合成效果

图 6-12　摄像机 1 视图

7. 添加摄像机层

添加摄像机运动效果。按 P 键展开摄像机层的"位置"属性,为其添加关键帧,在第 0 :00 :00 帧设置其位置属性为"364.5, 416.5, −5814.5";在第 0 :00 :02 :00 帧设置其位置属性为"523.1, 338.0, −4890.3";在第 0 :00 :04 :00 帧设置其位置属性为"243.9, 68.8, −4121.2";在第 0 :00 :06 :00 帧设置其位置属性为"523.0, 165.8, −2956.7";在第 0 :00 :08 : 00 帧设置其位置属性为"287.6, 320.0, −1063.6";在第 0 :00 :10 :00 帧设置其位置属性为"452.3, 260.8, −501.4"。

8. 添加灯光层

选择"图层"→"新建"→"灯光"命令,建立灯光图层。选择"灯光类型"选项为"点",强度设置为 200,其他选项用默认值,按 Alt 键并单击强度属性前的时间变化秒表 ⏱,为其添加抖动表达式 wiggle(50,50),实现忽明忽暗的效果,如图 6-13 所示。

图 6-13　添加抖动表达式

选中"内墙.jpg"图层,选择"效果"→"颜色校正"→"曲线"命令,添加曲线特效。设置其"RGB"曲线如图 6-14 所示,降低其亮度。

9.添加调整图层

选择"图层"→"新建"→"调整图层"命令,添加调整图层。选择调整图层,选择"效果"→"颜色校正"→"颜色平衡"命令,将阴影绿色调整为 100.0,将中间调红色调整为-20.0,中间调蓝色调整为 50.0,高光红色调整为-20.0,高光蓝色调整为 20.0,如图 6-15 所示。

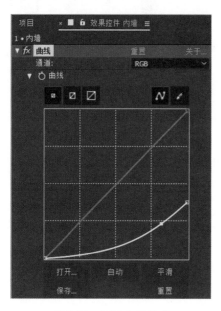

图 6-14　调整曲线特效

图 6-15　"颜色平衡"参数设置

10.添加立体文字

选择"图层"→"新建"→"文本"命令,建立文字图层,输入"时空隧道",并激活文本的 3D 图层开关,转换为三维图层,设置好大小和位置,最终合成效果如图 6-16 所示。

图 6-16　"时空隧道"的最终合成效果

11．渲染输出

按 Ctrl+M 组合键打开"渲染队列"面板，对影片进行渲染输出。

6.1.5　任务评价

本任务的目的在于考查学习者三维空间的构建能力。通过转换三维图层，建立三维意识。通过建立摄像机及灯光图层，增强空间感觉。同时在本任务中，运用了动态拼贴和色彩调整中的效果命令，使效果更加逼真。

6.2　知　识　图　谱

6.2.1　三维空间

After Effects CC 实际上是一个二维软件，所有导入的素材都是平面的，也无法创建三维模型。但是它可以将二维图层转化为三维图层，使图像包含三维对象的信息。

1．三维图层属性

在"时间轴"面板的图层控制面板中，可以通过 3D 图层按钮将二维素材转换成三维素材，如图 6-17 所示。

图 6-17　3D 图层按钮

打开 3D 属性的对象就具有了三维空间的属性。系统在其 X、Y 轴坐标的基础上自动添加了 Z 轴，对操作对象中的锚点、位置、缩放、方向及旋转等都设置了 Z 轴选项，同时还添加了材质选项属性。二维图层和三维图层属性比较如图 6-18 所示。

图 6-18　二维图层和三维图层属性比较

（1）移动三维对象

① 使用选取工具 移动三维对象。使用选取工具 从任意方向拖动到三维对象上，或将选取工具 移动到三维对象的坐标轴上，当系统自动显示 X 轴、Y 轴或 Z 轴时，按住鼠标左键拖动，可以精确地在某一个轴向上移动对象，如图 6-19 所示。

② 更改三维图层的位置属性，移动三维对象。在“位置”一栏中改变 X、Y、Z 轴的数值，从而精确设置 X、Y、Z 轴的位置，如图 6-20 所示。

图 6-19　移动三维对象

图 6-20　修改图层属性移动对象

（2）旋转三维对象

① 使用旋转工具 对三维对象进行旋转操作。使用旋转工具 并放在三维对象上，拖动鼠标，可以往任意角度旋转图像。或者将旋转工具 移动到三维对象的坐标轴上，当系统自动显示 X 轴、Y 轴或 Z 轴的时候，按住鼠标左键拖动，可以精确地在某一个轴向上旋转对象，如图 6-21 所示。

② 通过更改三维图层的旋转属性旋转对象。通过分别设置 X 轴、Y 轴、Z 轴的旋转数值,精确控制对象的旋转,如图 6-22 所示。图 6-23 所示为经过旋转、移动后的 3 张纸片的空间位置效果。

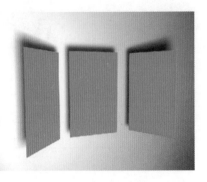

图 6-21　使用旋转工具　　　图 6-22　修改层属性　　　图 6-23　空间位置效果

2. 三维视图

三维空间的对象可以通过多种视图方式来精确观察。在 After Effects CC 中的"合成"窗口下方可以选择视图的显示数目,如选择 1 个视图、2 个视图或 4 个视图。还可以选择视图的布局,图 6-24 所示为"4 视图 - 左侧"视图。此外,还可以在"合成"窗口下方的视图模式下拉列表中进行选择,如图 6-25 所示。

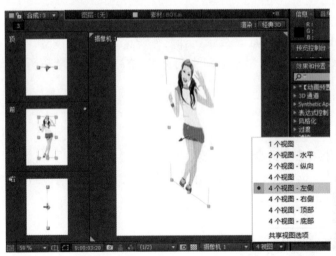

图 6-24　"4 视图 - 左侧"视图列表　　　图 6-25　摄像机视图列表

- 活动摄像机视图:对所有 3D 对象进行操作,相当于所有摄像机的总控制台。
- 摄像机 1 视图:在默认情况下没有这个视图方式。当在合成图像中新建一个摄像机后,就可以选择摄像机视图。通常情况下,最后输出的影片都是摄像机视图中所显示的影片,类似于一架真实的摄像机拍摄的画面。
- 六视图:分别从三维空间中的六个方位,即正面、左侧、顶部、背面、右侧、底部视图进行观察。前视图和后视图分别从正前方和正后方观察对象,顶视图和底视图分别从正上方和正下方观察,左视图和右视图分别从正左方和正右方观察对象。

• 自定义视图：通常用于对象的空间调整。它不使用任何透视，在该视图中可以直观地看到物体在三维空间的位置，而不受透视的影响。

图 6-26 所示为各个视图的不同显示效果。

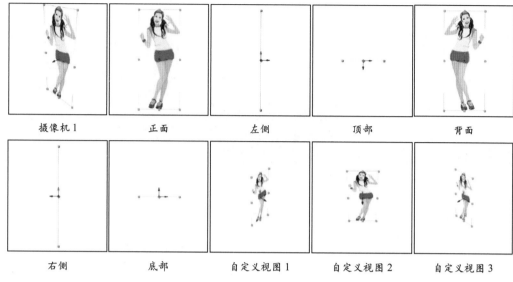

| 摄像机1 | 正面 | 左侧 | 顶部 | 背面 |

右侧　　　　　　　底部　　　　　　自定义视图1　　　自定义视图2　　　自定义视图3

图 6-26　不同视图效果

📑 提示

After Effects CC 通过将平面图层转化为三维图层，实现在立体空间多角度观察效果。但是这里的三维不同于 3ds Max、Maya 等三维制作软件所建立的三维模型，而是一种"假三维"，类似于将一张纸片放置在三维空间中的感觉，有一定的宽度和高度，但厚度很薄。

6.2.2　三维摄像机

选择"图层"→"新建"→"摄像机"命令，新建摄像机，打开"摄像机设置"对话框，如图 6-27 所示。可以在"预设"选项中选择 15 毫米广角镜头至 200 毫米长焦镜头等九种镜头类型的摄像机，如图 6-28 所示。

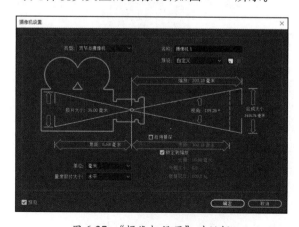

图 6-27　"摄像机设置"对话框

图 6-28　镜头"预设"选项

当选择不同的摄像机镜头时，其他参数也随之改变，可以选择"自定义"进行设置，即自己定义镜头的缩放、视角、胶片大小和焦距。图 6-29 和图 6-30 所示为 20 毫米镜头和 50 毫米镜头的差别。

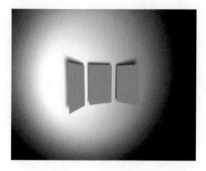

图 6-29　20 毫米镜头效果

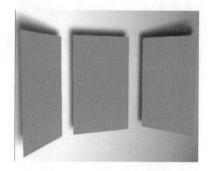

图 6-30　50 毫米镜头效果

在场景中建立摄像机后，可以通过工具箱中的摄像机工具调节摄像机视图。在"工具箱"面板中，统一摄像机工具 集合了轨道摄像机工具 、跟踪 XY 摄像机工具 和跟踪 Z 摄像机工具 ，如图 6-31 所示。

统一摄像机工具 ：这是其他三种摄像机工具的集合，可以自由操作摄像机，当配合鼠标左键时为旋转工具，配合鼠标滚轮时为移动工具，配合鼠标右键时为拉伸工具。

轨道摄像机工具 ：可以旋转摄像机视图，将鼠标光标移动到摄像机视图中时，左、右、上、下拖动鼠标，可以旋转摄像机，类似于上、下、左、右摇镜头。

跟踪 XY 摄像机工具 ：可以移动摄像机视图。将鼠标光标移动到摄像机视图中时，左、右、上、下拖动鼠标，可以移动摄像机，类似于在水平和垂直方向上移动镜头。

跟踪 Z 摄像机工具 ：可以沿着 Z 轴拉远或推近摄像机视图。将鼠标光标移动到摄像机视图中时，向上拖动鼠标，可以推进摄像机；向下拖动鼠标，可以拉远摄像机。

此外，还可以通过图层的属性来设置摄像机。展开摄像机的图层属性，包含"变换"和"摄像机选项"两类属性。分别调节这些参数，可以精确设置摄像机，如图 6-32 所示。

图 6-31　摄像机工具

图 6-32　摄像机图层属性

6.2.3　三维灯光

光与影是表现三维空间的重要元素。在 After Effects CC 中,可以利用建立灯光的方式来模拟三维空间的真实光线效果,达到影片的氛围。

1. 灯光类型

选择"图层"→"新建"→"灯光"命令,建立一盏灯光,灯光会作为一个独立图层呈现在"时间轴"面板中。可以同时建立多盏灯光,产生复杂的光影效果。

在"灯光设置"对话框中可以设置灯光的类型。在 After Effects CC 中一共存在四种灯光,分别是平行光、聚光灯、点光和环境光。

- 平行光:这是一个无限远的光照范围,可以照亮场景中处于目标点上的所有对象,光照不会因为距离而衰减,可以想象成太阳光。
- 聚光灯:以一个点向前以圆锥形状发射的光线,根据圆锥角度不同,照射面积不同。圆锥的角度可以根据需求设定,也可以想象成舞台的聚光灯或手电筒。
- 点光:从一个点向四周发出的光线,根据目标点到光源的距离不同,受光程度也不同,离光点越远,光照越弱,根据距离由近至远逐渐衰减。可以想象成灯泡或蜡烛。
- 环境光:没有发光点,可以照亮场景中的所有对象。没有衰减,也不产生阴影,类似于环境中多次漫反射的均匀光照效果。

还可以对颜色、强度、光照锥形角度、锥形羽化、衰减类型进行设置。选中"投影"复选框,在光照下让物体产生投影效果,并精确设置阴影的深度、阴影扩散度。图 6-33 ～图 6-35 所示是一系列经过部分参数调整后的对比图。

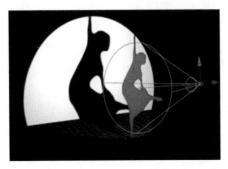
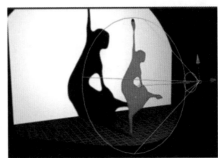

图 6-33　不同锥形角度的灯光效果

图 6-34　不同锥形羽化的灯光效果

2."材质选项"属性组

当在合成中添加灯光后,场景中的其他图层也相应增加了一个"材质选项"属性组,用来设定如何接受灯光、如何设定投影等问题,如图6-36所示。

图 6-35　不同阴影扩散的灯光效果　　　　　图 6-36　"材质选项"
属性

● 投影：决定当前图层是否产生投影。包含"打开""关闭"和"只有阴影"三个选项。

● 透光率：表示光线透过该图层的强度,能够产生一个透明的阴影,数值为0～100,数值越高,效果越明显。

● 接受阴影：决定当前图层是否接受其他图层投射过来的阴影,包含"打开""关闭"和"只有阴影"三个选项,如图6-37所示。

 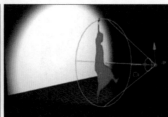 

图 6-37　"打开""关闭"和"只有阴影"三个选项的效果对比

● 接受灯光：决定当前图层是否受灯光的影响,包含"开"和"关"两个选项。

● 环境：控制当前图层接受环境光的程度,数值为0～100,数值越高,受灯光影响越大,默认情况下为100%。

● 漫射：控制当前图层接受灯光的发散程度,决定图层的表面有多少光线覆盖。数值越高,接受灯光的发散级别越高,对象越明亮,数值为0～100,默认为50%。

● 镜面强度：控制对象的镜面反射程度,数值为0～100,数值越高,高光斑越明显,默认为50%。

● 镜面反光度：控制高光点的大小光泽度,数值为0～100,数值越大,高光越集中,默认为5%。

● 金属质感：控制图层的金属光泽质感,数值为0～100,数值越大,质感越强烈,默认为100%。

> 📑 **提示**
>
> 灯光和阴影是构成三维空间的重要因素,通过合理添加灯光和阴影,可以增强三维空间感。

6.3 情境设计——"远离酒驾"

6.3.1 情境创设

酒驾是一严肃的社会问题,每年因酒后驾驶引发的交通事故达数万起,成为交通事故的第一大"杀手",对社会的危害触目惊心。本项目中设计了一个情境,提供音视频素材,创作一个远离酒驾的公益宣传片。

此公益宣传片包含以下三个镜头。

镜头一:一群人在喧闹的气氛中推杯换盏、觥筹交错。

镜头二:在马路上,一个人酒后驾驶,车子摇摇晃晃,横冲直撞。

镜头三:交通事故发生,血的教训。

宣传片镜头如图 6-38 所示。

图 6-38 "远离酒驾"短片效果

6.3.2 技术分析

首先对素材进行处理,进行抠图或调整,选取所需素材。素材包含三段音频(背景音乐、车祸刹车声、干杯声),5 个 PSD 图片文件(酒杯、公路线、酒驾、酒驾危险、血迹),一个 JPEG 路面图片文件。

其次,利用素材,通过三维图层操作建立三维的空间和运动,实现醉酒后的摇摇欲坠的状态。

最后,综合运用三维摄像机和三维灯光,实现宣传片的整体效果。

6.3.3　项目实施

1．新建"合成"

运行 After Effects CC 软件,新建"合成",命名为"远离酒驾",设置尺寸为 720×576 像素,"帧速率"为 25 帧/秒,"持续时间"为 0:00:15:00,"背景色"为黑色,导入所有素材。

2．制作路面素材

添加动态拼贴效果。将"路面.jpg"图层拖动到"时间轴"面板中,调整缩放比例为"28,28%"。选择"路面.jpg"图层,选择"效果"→"风格化"→"动态拼贴"命令,为图层添加动态拼贴效果。设置平铺的高度和宽度分别为 30.0 和 30.0,同时选中"镜像边缘",如图 6-39 所示。

添加曲线效果。再次为路面层添加曲线特效,分别调整红、绿、蓝通道的曲线效果,如图 6-40 所示,路面效果如图 6-41 所示。

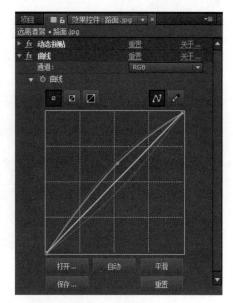

图 6-39　动态拼贴效果设置

图 6-40　曲线效果设置

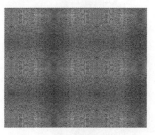

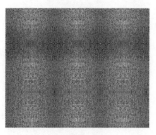

(a) 原图

(b) 效果图

图 6-41　添加效果前后的路面

3. 制作推杯换盏效果

将"干杯 .psd"素材拖动到"时间轴"面板中。下面将制作碰杯的效果。

选中"干杯 .psd"图层,利用钢笔工具将左边部分勾勒出来;建立遮罩,只显示左边的杯子,如图 6-42 所示;将"干杯 .psd"图层重命名为"干杯 - 左 .psd"。

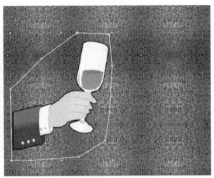

图 6-42　用钢笔工具添加蒙版

按 Ctrl+D 组合键将"干杯 - 左 .psd"图层复制一份,重命名为"干杯 - 右 .psd"。选中遮罩的"反转"复选框,如图 6-43 所示。图层效果如图 6-44 所示。

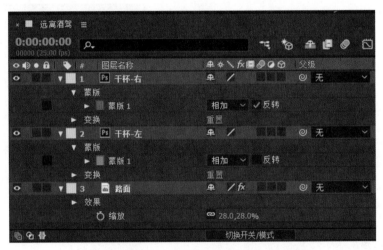

图 6-43　反向遮罩设置

图 6-44　反向遮罩效果

再制作碰杯效果。分别为"干杯 - 左 .psd"图层和"干杯 - 右 .psd"图层添加位置关键帧,为位置属性添加关键帧。在第 0 :00 :00 :00 帧设置两个酒杯的位置在画面外,在第 0 :00 :01 :00 帧设置两个酒杯在画面中间碰杯(图 6-45),在第 0 :00 :02 :00 帧设置两个酒杯碰杯后再次远离。

将"干杯 .wav"素材拖动到"时间轴"面板中。在时间轴上,设置音效出现的时间在第 0 :00 :01 :00 帧。

4.嵌套"合成",增强效果

按住 Ctrl 键,依次选中"干杯 - 左 .psd"图层、"干杯 - 右 .psd"图层和"干杯 .wav"图层。选择"图层"→"预合成"命令或按 Ctrl+Shift+C 组合键,建立一个预合成。将预合成命名为"干杯";选择"将所有属性移动到新合成",如图 6-46 所示。

按 Ctrl+D 组合键将预合成"干杯"复制两份,增强效果。调整各图层在"合成"窗口中的位置和大小,"时间轴"面板如图 6-47 所示,最终合成效果如图 6-48 所示。

图 6-45　设置碰杯关键帧

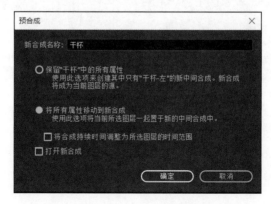

图 6-46　预合成的设置

图 6-47　"时间轴"面板（1）

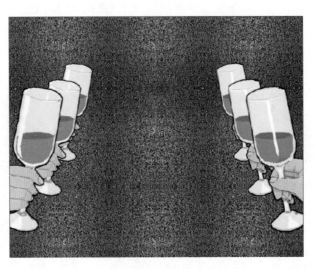

图 6-48　第一个镜头的最终合成效果

5．修剪工作区域

将时间指示器放置在第 0 :00 :03 :15 帧的位置，按 N 键，设置工作区的结束点。在工作区域位置右击，在弹出的选项中选择"将合成修剪至工作区域"命令，如图 6-49 所示。至此镜头一制作结束。为方便操作，我们将合成"远离酒驾"重命名为"远离酒驾 1"。

图 6-49　修剪工作区域

6．制作第二个镜头

新建合成"远离酒驾 2"，设置尺寸为 720×576 像素，"帧速率"为 25 帧／秒，"持续时间"为 0 :00 :06 :00，"背景色"为黑色。将合成"远离酒驾 1"中的路面素材复制到本合成中。

导入"公路线 .psd"素材中的图层 1，导入"酒驾 .psd"素材。

单击 3D 图层按钮，将"公路线 .psd"图层转换成三维图层，如图 6-50 所示。

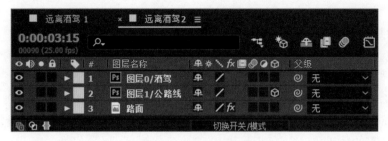

图 6-50　设置三维图层

选中"公路线 .psd"图层，选择"效果"→"风格化"→"动态拼贴"命令，为图层添加动态拼贴效果，设置其输出高度为 1000.0，选中"镜像边缘"复选框，如图 6-51 所示。

此时"合成"窗口如图 6-52 所示。

图 6-51　动态拼贴效果

图 6-52　合成窗口效果

7．制作公路线摇晃前进效果

为"公路线 .psd"图层的位置属性添加关键帧，在第 0 :00 :00 帧、第 0 :00 :02 :00 帧、第 0 :00 :04 :00 帧、第 0 :00 :06 :00 帧分别设置位置属性为"301.0，288.0，0.0""394.0，275.0，-166.0""357.0，284.0，-324.0""303.0，272.0，-493.0"。

设置"酒驾 .psd"图层的位置关键帧，从画面左侧运动摇晃至画面右侧。在第 0 :00 :00 帧、第 0 :00 :02 :00 帧、第 0 :00 :04 :00 帧、第 0 :00 :06 :00 帧分别设置位置属性为"177.0，301.0""291.9，301.0""409.2，273.9""524.0，301.0"。

8．增强效果

选择"图层"→"新建"→"摄像机"命令，建立摄像机图层，选项为默认值。按住 Alt 键，同时单击位置属性的时间变化秒表，为其添加抖动表达式 wiggle（20，5），增强摄像机抖动效果。

选择"路面.jpg"图层,同样添加抖动表达式。按住 Alt 键,同时单击位置属性的时间变化秒表![时间变化秒表],为其添加抖动表达式"wiggle(20,5)",增强路面的抖动效果,效果如图 6-53 所示。

9．添加调节图层

选择"图层"→"新建"→"调整图层"命令,建立调整图层。选择"效果"→"颜色校正"→"色阶"命令,添加色阶特效。

为色阶特效添加关键帧,在第 0∶00∶00∶00 帧处设置"输入黑色"为 0.0,在第 0∶00∶00∶07 帧设置"输入黑色"为 61.2；然后在"时间轴"面板中复制关键帧,产生忽明忽暗的效果,如图 6-54 所示。

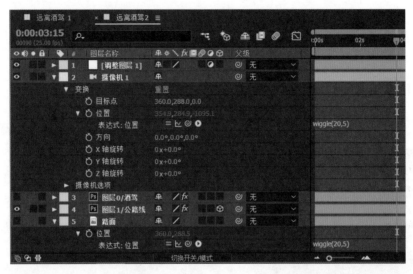

图 6-53　添加抖动表达式

图 6-54　产生忽暗忽明的效果

至此,镜头二制作完毕。

10.制作镜头三

新建合成"远离酒驾 3",设置尺寸为 720×576 像素,"帧速率"为 25 帧 / 秒,"持续时间"为 0 :00 :04 :00,"背景色"为黑色。将合成"远离酒驾 1"中的路面层复制到本合成中。同时修改路面的输出高度和宽度为 400.0,并打开图层的 3D 图层开关 。将"酒驾危险 .psd"素材拖动到"时间轴"面板中。

选择"图层"→"新建"→"摄像机"命令,建立摄像机图层,选项用默认值。选择"图层"→"新建"→"灯光"命令,建立灯光图层,设置"灯光类型"选项为"聚光"。打开"投影"对话框,设置颜色为淡黄色,强度为 180%,锥形角度为 120°,阴影扩散为 60px,如图 6-55 所示。

设置"酒驾危险 .psd"图层和"路面 .jpg"图层的三维空间关系,如图 6-56 所示。

设置灯光选项及相关层的材质选项。设置"酒驾危险 .psd"图层的投影为"开","接受灯光"均为"关";设置"路面 .jpg"图层接受阴影,"接受灯光"为"开"。

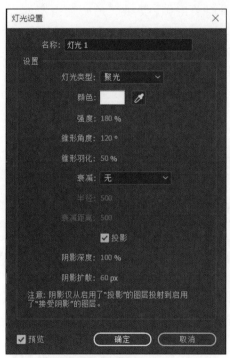

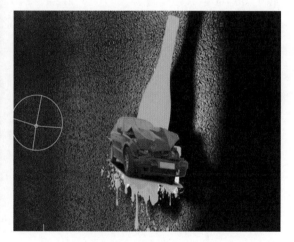

图 6-55 灯光设置　　　　　　　图 6-56 三维空间关系

11.添加色彩效果

选择"酒驾危险 .psd"图层,选择"效果"→"颜色校正"→"更改颜色"命令,选取"色彩范围"的颜色为"酒驾危险 .psd"图层中酒瓶的颜色。在第 0 :00 :00 :00 帧为"饱和度变换"属性添加关键帧,在第 0 :00 :01 :00 帧设置参数为 100.0,为图层上色,如图 6-57 所示,效果如图 6-58 所示。

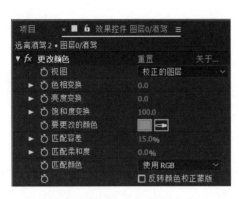

图 6-57　更改颜色参数

图 6-58　更改颜色后的效果

12．添加灯光运动效果

选择"灯光 1"图层，为"目标点"属性添加关键帧，实现灯光从画面左侧扫射到右侧的效果。在第 0：00：00：00 帧设置其参数为"237.1，237.3，−333.2"，在第 0：00：02：00 帧设置其参数为"503.4，241.2，−235.7"。

13．添加摄像机运动效果

选择"摄像机 1"图层，为"位置"属性添加关键帧，实现镜头空间移动效果。在第 0：00：00：00 帧设置其参数为"712.4，210.3，−1063.3"，在第 0：00：02：00 帧设置其参数为"318.4，407.2，−1136.3"，实现摄像机运动效果。

14．添加血迹效果

将"血迹 .psd"素材拖动到"时间轴"面板中，设置其入点位置在第 0：00：02：00 帧；为其缩放属性设置关键帧，实现由小变大的效果。在第 0：00：02：00 帧，缩放属性为"100，100%"；在第 0：00：03：00 帧，缩放属性为"257，257%"。选择"血迹 .psd"图层，选择"效果"→"颜色校正"→"三色调"命令，选取"阴影"属性为红色，为其添加颜色。

15．添加字幕效果

在第 0：00：02：12 帧的位置添加字幕"远离酒驾　珍爱生命"，在"效果和预设"面板中为其添加"子弹头列车"运动字幕特效，如图 6-59 所示。

图 6-59　添加字幕特效

16．添加车祸声音效果

将"车祸 .wav"素材拖动到"时间轴"面板中，为其添加声音特效，"时间轴"面板如图 6-60 所示。

17．嵌套合成，添加音频

在"项目"面板中按 Ctrl 键，依次单击选择"远离酒驾 1""远离酒驾 2"和"远离酒驾 3"合成，再拖动到"新建合成"按钮上，建立一个新的合成，重命名为"总合成"。添加背景音乐,最终"时间轴"面板如图 6-61 所示。

图 6-60　"时间轴"面板（2）

图 6-61　总合成"时间轴"面板

18．渲染输出

按 Ctrl+M 组合键打开"渲染队列"面板,对影片进行渲染输出。

6.3.4　项目评价

本项目设立情境,以社会关注的话题——酒驾为出发点,通过对素材的加工处理及音画配合,利用三维图层、三维摄像机、三维灯光等设置及运动镜头的处理,培养学习者三维合成的构建能力。将三维空间的知识点的综合运用巧妙地融合在一个具体的实例当中,既具有一定的现实意义,又能增强创新性。

6.4　拓展微课堂——3D 电影

3D 电影又称立体电影。3D 是指三维空间。人的视觉之所以能分辨远近,是靠两只眼睛的差距,虽然差距很小,但经视网膜传到大脑里,大脑就用这微小的差距产生远近的深度,从而产生立体感。

3D 电影的制作有多种形式,其中较为广泛采用的是偏光眼镜法,它以人眼观察景物的方法,用两台并列安放的电影摄影机分别代表人的左、右眼,同步拍摄出两条略带水平视差的电影画面。放映时,将两条电影影片分别装入左、右电影放映机,并在放映镜头前分别装置两个偏振轴互成 90°的偏振镜。两台放映机需同步运转,同时将画面投放在银幕上,形成左像右像双影,这就是 3D 电影的原理。

当观众戴上特制的偏光眼镜时,由于左、右两片偏光镜的偏振轴互相垂直,并与放映镜头前的偏振轴相一致,致使观众的左眼只能看到左像,右眼只能看到右像,通过双眼汇聚功能将左、右像叠合在视网膜上,由大脑神经产生三维立体的视觉效果,如图6-62所示。3D电影展现出一幅幅连贯的立体画面,使观众感到景物扑面而来或进入银幕深凹处,从而使观众产生强烈的"身临其境"的感觉。

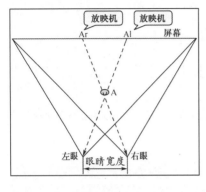

图6-62 偏光眼镜

3D电影《阿凡达》是一部科幻电影,由著名导演詹姆斯·卡梅隆执导,二十世纪福克斯出品,影片的预算超过5亿美元,成为电影史上预算金额最高的电影。《阿凡达》为3D技术带来历史性的突破。影片利用动态捕捉、虚拟合成及抠像技术,演员穿着有节点的衣服,就可以适时捕捉到逼真的动画。使用3D摄影机拍摄可实时观看3D拍摄的技术效果,如图6-63所示。

图6-63 3D电影《阿凡达》

6.5 模块小结

本模块主要讲述影视制作中的三维空间的制作方法。通过将普通的图层转换成三维图层,可以建立立体的空间。通过建立摄像机和灯光,增强了立体空间的感受。通过"时空隧道"案例,让学习者熟悉三维空间的图层空间设置;知识图谱环节系统地讲述了三维对象的操作方法;通过情境设计"远离酒驾",学生可以熟练掌握三维摄像机视图及灯光的设置。

同时,通过扫描二维码可以观看本模块完整的教学视频,学生可以进行自主学习。

6.6 模 块 测 试

一、填空题

1. 在图层控制面板中,可以通过 _____按钮将二维图层转换成三维图层。

2. 在 After Effects CC 中一共存在四种灯光,分别是_____、_____、_____和_____。

3. 按_____组合键可以建立一个预合成。

4. _____工具是其他三种摄像机工具的集合,可以自由操作摄像机。

5. 在"时间轴"面板中,按_____键可以设置工作区的结束点。

二、实训题

制作三维实例公益宣传片"绿色家园"。

创作思路：根据本模块所学知识,收集一些关于环保题材的图片或视频,制作一段三维空间的公益视频。

创作要求：①将图片素材设置成三维图层；②根据需求,设置三维属性,制作三维动画效果；③结合三维摄像机和三维灯光效果,增强空间感觉；④突出爱护家园、保护环境的主题。

模块7 光效世界

After Effects CC 的光效滤镜在影视制作中起到了非常重要的作用。光效在整个影视后期制作中是永恒的主题。绚丽多彩的光效不但可以点缀画面、夺人眼球，而且还可以表达时间、激情、科技、空间等概念。本模块就 After Effects CC 中的光效滤镜和几种 After Effects CC 常用的外挂光效插件进行讲解。

关键词

内置光效　外挂光效插件

任务与目标

1．边做边学——"流光倒计时"。认识光效，熟悉 After Effects CC 内置光效。
2．知识图谱——掌握 After Effects CC 内置光效和光效插件的安装与运用。
3．情境设计——"中国梦"。学习使用 After Effects CC 外挂光效插件制作特效。

二维码扫描

可扫描以下二维码观看教学视频。

流光倒计时

中国梦

7.1 任务：边做边学——"流光倒计时"

7.1.1 任务描述

After Effects CC 内置光效在影视后期制作中应用广泛，本任务利用 After Effects CC 软件的内置光效实现"流光倒计时"短片的效果，绚丽的光线效果和倒计时效果相结合，在实用性的基础上增强了画面的观赏性，如图 7-1 所示。

图 7-1 "流光倒计时"短片效果

模块7　光效世界

7.1.2　任务目标

本任务通过学习添加 After Effects CC 软件的内置光效，实现"流光"效果，制作倒计时效果，与光效、音效相结合，让观看者具有身临其境的感觉。

7.1.3　任务分析

第一步，运用"勾画""发光"等特效制作光线效果；第二步，运用 CC Light Burst 2.5 特效制作倒计时效果；第三步，将光线效果和倒计时效果相结合；第四步，添加音效，与画面节奏相符合；第五步，渲染输出。

7.1.4　任务实施

1．新建"合成"

运行 After Effects CC 软件，新建"合成"，命名为"流光 1"，设置尺寸为 1920×1080 像素，"帧速率"为 25 帧 / 秒，"持续时间"为 0 :00 :10 :00，"背景色"为黑色。

2．制作"流光"效果

选择"图层"→"新建"→"纯色"命令或按 Ctrl+Y 组合键，建立纯色图层"流光 1"，颜色为"黑色"。在"时间轴"面板中选择"流光 1"图层，在工具栏中选择"椭圆工具"，按住 Shift 键的同时拖动鼠标左键，绘制一个正圆形蒙版，如图 7-2 所示。

选中"流光 1"图层，选择"效果"→"生成"→"勾画"命令，为"流光 1"图层添加"勾画"特效。

在"效果控件"面板中修改"勾画"特效的选项。从"描边"下拉菜单列表中选择"蒙版 / 路径"选项，展开"片段"选项组，设置"片段"的值为 1，将时间线调整到第 00 :00 :00 :00 帧的位置，设置"旋转"的值为"0x，−80.0°"。单击"旋转"左侧的时间变化秒表，在当前位置设置关键帧。

将时间调整到第 00 :00 :09 :24 帧的位置，设置"旋转"的值为"−2x，−80.0°"，系统会自动设置关键帧，如图 7-3 所示。

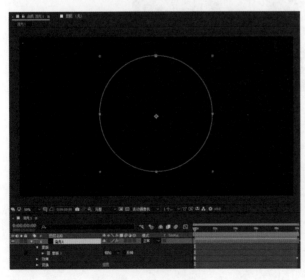

图 7-2　绘制圆形路径

图 7-3　勾画特效

展开"勾画"特效的"正在渲染"选项组,设置"颜色"为白色,"硬度"值为 0.500,"起始点不透明度"为 0.900,"中点不透明度"为−0.500,如图 7-4 所示。

选中"流光 1"图层,选择"效果"→"风格化"→"发光"命令,为"流光 1"图层添加"发光"特效。

在"效果控件"面板中修改"发光"特效的选项,设置"发光阈值"为 25.0%,"发光半径"值为 6.0,"发光强度"值为 2.0,在"发光颜色"下拉菜单中选择"A 和 B 颜色"选项,设置"颜色 A"为黄色(R:255;G:198;B:0),"颜色 B"为红色(R:246;G:0;B:0),如图 7-5 所示。"合成"窗口效果如图 7-6 所示。

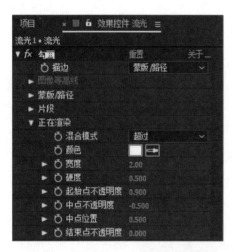

图 7-4　设置"正在渲染"相关选项

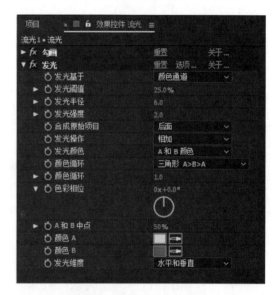

图 7-5　设置"发光"特效

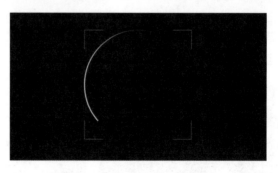

图 7-6　设置"发光"后的效果

在"时间轴"面板中选择"流光 1"图层,按 Ctrl+D 组合键复制一个新的图层,将该图层更改为"流光 2"。在"效果控件"面板中修改"勾画"特效的选项,设置"长度"的值为 0.060。展开"正在渲染"选项组,设置"宽度"的值为 8.00,如图 7-7 所示。

选择"流光 2"图层,在"效果控件"面板中修改"发光"特效的选项,设置"发光半径"的值为 35.0,"颜色 A"为蓝色(R:0;G:160;B:255),"颜色 B"为暗蓝色(R:0;G:94;B:175),如图 7-8 所示。

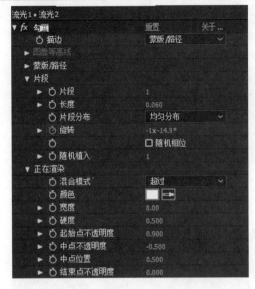

图7-7　修改"勾画"选项

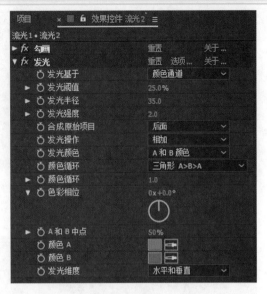

图7-8　修改"发光"选项

在"时间轴"面板中设置"流光2"图层的"模式"为"相加",如图7-9所示,"合成"窗口效果如图7-10所示。

图7-9　设置"相加"模式

图7-10　设置"相加"模式后的效果

选择"合成"→"新建合成"命令,新建"合成",命名为"波动流光",设置尺寸为1920×1080像素,"帧速率"为25帧/秒,持续时间为00:00:10:00。

将"背景.psd"导入"项目"面板中,并再拖动到"时间轴"面板中,调整缩放属性值为"187.5,127.3%"。在"项目"面板中,拖动"流光1"合成至"波动流光"合成的"时间轴"面板中。设置"流光1"图层的"模式"为"相加",如图7-11所示。

选中"流光1"图层,选择"效果"→"扭曲"→"湍流置换"命令,为"流光1"图层添加"湍流置换"特效。在"效果控件"面板中修改"湍流置换"特效的参数,设置"数量"值为65.0,设置"大小"值为25.0,"消除锯齿"下拉菜单选择"高",如图7-12所示,"合成"窗口效果如图7-13所示。

在"时间轴"面板中选中"流光1"图层,按Ctrl+D组合键复制两个新的图层,将该图层重命名为"流光2"和"流光3"图层。在"效果控件"面板中,分别修改"湍流置换"的相关选项,如图7-14和图7-15所示,"合成"窗口效果如图7-16所示。

图 7-11　"波动流光"时间轴的设置

图 7-12　设置"湍流置换"相关选项

图 7-13　设置"湍流置换"相关选项后的效果

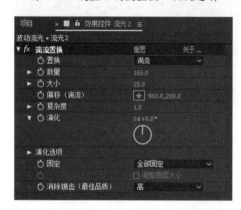

图 7-14　修改"流光 2"的"湍流置换"
　　　　　相关选项

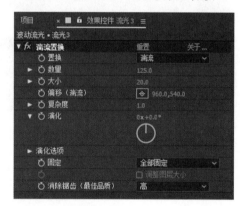

图 7-15　修改"流光 3"的"湍流置换"
　　　　　相关选项

图 7-16　修改后光线效果

3．制作倒计时效果

选择"合成"→"新建合成"命令,新建"合成",命名为"倒计时",设置尺寸为1920×1080像素,"帧速率"为25帧/秒,持续时间为00:00:10:00。

选择"图层"→"新建"→"文本"命令,新建文本图层,在该图层创建文本数字"1",调整"对齐"方式为水平居中和垂直居中,字体大小为300像素,字体颜色为淡黄色(R:246;G:255;B:147),持续时间为00:00:01:00。

为文本图层"1"添加CC Light Burst 2.5特效。选中图层"1",选择"效果"→"生成"→CC Light Burst 2.5命令,将时间线指示器调整到第00:00:00:05帧的位置,在"效果控件"中调整Ray Length的值为300.0;单击Ray Length左侧的时间变化秒表,在当前位置设置关键帧。

将时间线指示器调整到第00:00:00:16帧的位置,设置Ray Length的值为0,系统会自动设置关键帧,如图7-17所示,"合成"窗口效果如图7-18所示。

在"时间轴"面板中打开图层"1"的3D图层开关选项,将图层"1"转换为三维图层,使用"向后平移(锚点)工具"调整锚点至舞台中心位置,如图7-19所示。

图7-17 CC Light Burst 2.5相关选项

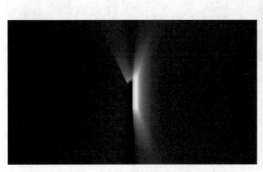

图7-18 修改选项值后的效果

图7-19 调整锚点到舞台中心位置

📑提示

在移动位置之前要将图层"1"的轴心点移动到文字"1"的中心位置,否则文字"1"无法在中心位置垂直缩放。

将时间线指示器调整到第00:00:00:00帧的位置,单击"位置""X轴旋转"和"Y轴旋转"属性左侧的时间变化秒表 🕐，记录关键帧。设置"位置"选项值为"960.6，540.2，-2651.0"，设置"X轴旋转"为-20.0°，设置"Y轴旋转"为-69.0°。调整时间线指示器到第 00：00：00：10 帧的位置，设置"位置"选项值为"961.7，542.0，0.0"，设置"X轴旋转"选项值为0.0°，设置"Y轴旋转"选项值为0.0°，如图 7-20 所示。

图 7-20　修改选项值

选中图层"1"，按 Ctrl+D 组合键复制 9 个图层，修改图层文本和图层名称一致，分别为 2 ~ 10。选中所有图层，选择"动画"→"关键帧辅助"→"序列图层"命令，单击"确定"按钮，让图层首尾相连，效果如图 7-21 所示。

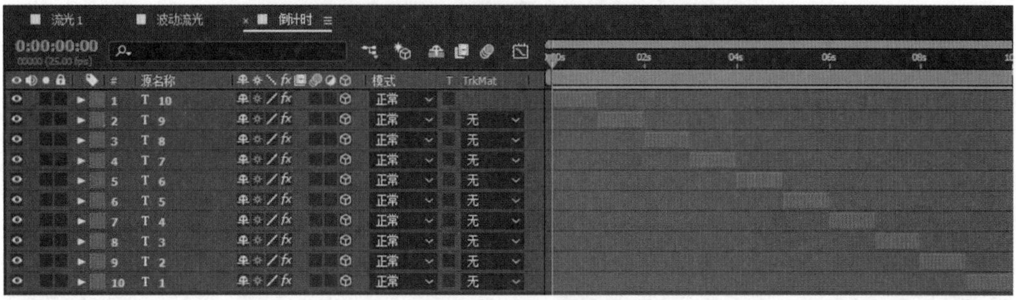

图 7-21　设置"序列图层"效果

选择"波动流光"合成，将"倒计时"合成拖动到最上层，与其他图层左对齐，最终效果如图 7-22 所示。

图 7-22　最终效果

4．添加音效

导入"音效"素材到"项目"面板中,将"音效"素材拖动到"波动流光"合成图层最下方,素材左端与第 00：00：00：00 帧对齐。

5．渲染输出

按 Ctrl+M 组合键打开"渲染队列"面板,对影片进行渲染输出。

7.1.5　任务评价

本任务模拟影视片中常见的光效效果,目的在于考查学生运用 After Effects CC 内置光效的能力。

7.2　知　识　图　谱

7.2.1　内置光效

1．勾画

"勾画"特效可以在对象周围生成航行灯或其他基于路径的脉冲动画。该特效刻意勾画任何对象的轮廓,使用光照或更长的脉冲围绕此对象,然后为其设置动画,以创建在对象周围追光的景象,如图 7-23 所示

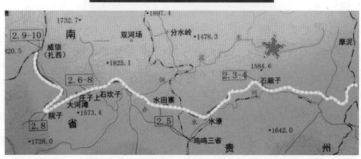

图 7-23　"勾画"特效的选项和效果

- 描边：描边基于的对象，可以选择"图像等高线"或"蒙版/路径"。如果在"描边"菜单中选择"图像等高线"，则指定在其中获取图像等高线的图层，以及如何解释输入图层。

- 蒙版/路径：用于描边的蒙版或路径。可以使用闭合或断开的蒙版。

- 长度：确定与可能最大的长度有关的区段的描边长度。

- 片段分布：确定区段的间距。"成簇分布"用于将区段像火车车厢一样连到一起，区段长度越短，火车的总长度越短。"均匀分布"用于在等高线周围均匀间隔区段。

- 旋转：为等高线周围的区段设置动画。

2．CC Light Burst（光线爆裂）

CC Light Burst特效可以使图像产生光线爆裂的效果，使画面具有冲击力，如图7-24所示。

- Center：设置中心点的位置。通过调节中心的位置，光线冲击的效果跟着改变。

- Intensity：亮度。

- Ray Length：光线长度。

- Burst：爆炸效果，有三种方式可以选择，分别是Straight、Fade、Center。

图7-24　CC Light Burst 特效的选项和效果

3．CC Light Rays（光芒放射）

CC Light Rays特效可以使图像上不同颜色产生不同光芒，产生光线放射的效果，如图7-25所示。

- Intensity：光线亮度。

- Center：可以设置光线放射中心点的位置，中心点要移动到画面有颜色的地方，黑色的地方不显示。

- Radius：设置光线放射半径。

- Warp Softness：光芒柔化，可以使光线变得柔和。

- Shape：设置形状，有Round和Square两种形式可选。

- Direction：设置方向，选择Shape选项中的Square即可激活此选项。

- Color from Source：设置颜色来源。

- Allow Brightening：使中心变亮。

- Color：设置颜色。

- Transfer Mode：设置光线与原图像的叠加模式。

图 7-25 CC Light Rays 特效的选项和效果

4．CC Light Sweep（过光）

CC Light Sweep 可以为图像创建光线，光线由一边向另一边运动，产生过光效果，如图 7-26 所示。

图 7-26 CC Light Sweep 特效的选项和效果

- Center ：设置中心点位置。
- Direction ：可以设置方向旋转的角度。
- Shape ：设置形状，有三种形式，分别是 Linear（线性）、Smooth（光滑）、Sharp（锐利）。
- Width ：设置宽度。
- Sweep Intensity ：设置亮度。
- Edge Intensity ：设置过光与图像相交的边缘亮度。
- Edge Thickness ：设置边缘厚度。
- Light Color ：设置过光颜色。
- Light Reception ：设置过光与原图像的混合模式。

5．高级闪电

"高级闪电"特效可以模拟自然界中的放电效果。对特效的选项值修改后，可以产生不同的闪电形状，如图 7-27 所示。

- 闪电类型：设置不同的闪电类型。"方向"类型可以选择不同方向的闪电效果；"击打"类型用于将闪电发出，可以制作一些击穿、击中效果等。

- 传导率状态：相当于效果的演化，就是闪电效果的变化。
- 核心设置：可以设置闪电的半径、不透明度和闪电颜色。
- 发光设置：可以设置闪电发光半径、发光不透明度和闪电发光的颜色。

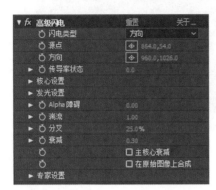

图 7-27 "高级闪电"特效的选项和效果

6. 镜头光晕

"镜头光晕"特效为画面添加镜头光晕效果，如图 7-28 所示。

- 光晕中心：调整光晕的中心点。
- 光晕亮度：调整光晕的亮度。
- 镜头类型：调整镜头光晕的类型，共有三种镜头类型预置，即 50 ～ 300 毫米变焦镜头、35 毫米定焦镜头、105 毫米定焦镜头。
- 与原始图像混合：可以调整与原始图像的混合度。

图 7-28 "镜头光晕"特效的选项和效果

7.2.2 外挂插件光效

Optical Flares（光学耀斑）：这是一款由 VideoCopilot 出品的颠覆性的 After Effects 插件（简写为 OF 插件），因操作方便，效果绚丽，渲染速度快，备受大家的喜爱，用于 After Effects CC 动画逼真镜头耀斑的制作。

Optical Flares 安装方法：直接将 Optical Flares 文件夹复制到 After Effects CC 特效目录中即可。After Effects CC 特效目录一般为 C:\Program Files\Adobe\Adobe After Effects CC\Support Files\Plug-ins。该插件光效的选项如图 7-29 所示。

图 7-29　Optical Flares 的选项

　　打开"光晕设置"下拉菜单，单击 Options 按钮，就可以进入 Optical Flares 的预置界面，内含多种 Optical Flares 的预置光效，如图 7-30 所示。

图 7-30　Optical Flares 预置效果

部分选项的作用说明如下。

- 亮度：可以通过调整亮度值调整光斑的亮度。
- 大小：可以调整光斑的大小。
- 旋转偏移：可以控制光斑的旋转度。
- 颜色：可以选择光斑的颜色。
- 颜色模式：可以选择颜色模式"色调"和"正片叠底"。
- GPU：如果选中使用GPU，可以选择显卡的加速类型。
- 位置模式：可以选择光斑位置的模式，默认为2D，可选择3D、"跟踪灯光""遮罩"和"亮度"模式，如图7-31所示。选择3D模式之后，就会在"位置XY"选项下出现一个"位置Z"选项，调整"位置Z"选项可以调整光斑在三维空间里的位置。选择"遮罩"模式，在图层创建蒙版后，在"遮罩"下拉菜单中选择刚才创建的蒙版，调整蒙版位置可以让灯光沿着蒙版路径进行运动，如图7-32和图7-33所示。

图7-31 "位置模式"可选的选项

图7-32 设置为"遮罩"模式　　　　图7-33 灯光沿着蒙版路径运动

- 前景层：可以为图层设置前景层，最多可设置五个，如图7-34所示。
- 闪烁：调整"速度"和"数值"，可以使光效产生闪烁变化的效果。选中"随机多光晕"复选框，可以制作随机闪烁的效果；如果不选中该复选框，每次闪烁的效果是一样的，如图7-35所示。

图7-34 "前景层"选项

图7-35 "闪烁"选项

7.3　情境设计——"中国梦"

7.3.1　情境创设

本项目主要学习利用 After Effects CC 外挂插件 Optical Flares 制作光效，画面效果如图 7-36 所示。

图 7-36　"中国梦"效果

7.3.2　技术分析

首先安装外挂光效插件 Optical Flares，然后利用 Optical Flares 调整光效效果，制作过光和光效转场，渲染输出。

7.3.3　项目实施

1．新建"合成"

运行 After Effects CC 软件，新建"合成"，命名为"中国梦1"，设置尺寸为 1920×1080 像素，"帧速率"为 25 帧／秒，"持续时间"为 0：00：10：00。

再次新建四个"合成"，名称分别为"长城""天安门""华表""中国梦"，设置尺寸为 1920×1080 像素，"帧速率"为 25 帧／秒，"持续时间"为 0：00：03：00。

2．导入素材

导入"长城""天安门""华表""中国梦"素材到"项目"面板中。将"长城"素材拖动到"长城"合成中，调整"缩放"属性为 160%。将时间线指示器移动到第 0：00：02：13 帧的位置，按 Alt+] 组合键裁剪素材长度。

3．添加光效

按 Ctrl+Y 组合键新建纯色图层，图层名称为"of"，为"of"图层添加 Optical

Flares 特效,图层模式为"相加"。在"效果控制"面板中展开 Optical Flares 左侧下拉菜单,打开"光晕设置"下拉菜单下的 Options,进入设置界面。在"浏览器"窗口中选择"预设浏览器",单击 Pro Presets 文件夹,选择 Bright Star 特效,如图 7-37 所示。

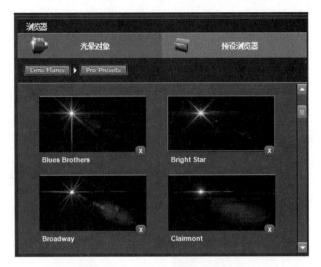

图 7-37　选择 Bright Star 特效

在"光晕对象"下选择"斯派克球"选项,为光效添加"斯派克球"对象,如图 7-38 所示。

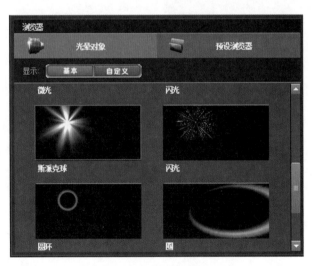

图 7-38　添加"斯派克球"对象

单击右上角的 OK 按钮,完成预置特效的添加,如图 7-39 所示。

将时间线指示器移动到第 0∶00∶00 帧的位置,打开效果控件,在"亮度"选项前单击时间变化秒表 ,添加关键帧,设置"亮度"参数为 0.0；将时间线指示器移动到第 0∶00∶02∶00 帧的位置；将"亮度"参数调整为 120.0；将时间线指示器移动到第 0∶00∶02∶12 帧的位置,将"亮度"参数调整为 1010.0；将时间线指示器移动到第 0∶00∶02∶24 帧的位置,将"亮度"参数调整为 0.0,系统自动记录关键帧。

图 7-39　完成预置特效的添加 (1)

单击"旋转偏移"选项前的时间变化秒表⏱，在第 0 :00 :00 :00 帧设置参数为 0.0°；将时间线指示器移动到第 0 :00 :02 :24 帧的位置，将参数调整为 11.7°。单击"动画演变"的时间变化秒表⏱，在第 0 :00 :00 :00 帧位置设置参数为 0.0°，在第 0 :00 :02 :24 帧位置设置关键帧为"1x, +137.1°"，其他参数如图 7-40 所示。

展开"变换"选项菜单，在第 0 :00 :00 :00 帧位置调整"不透明度"为 0%，在第 0 :00 :00 :16 帧位置调整参数为 100，在第 0 :00 :02 :13 帧和第 0 :00 :02 :24 帧位置添加关键帧，并将第 0 :00 :02 :24 帧位置的"不透明度"参数调整为 0%。

4．为天安门合成添加光效

将"天安门"素材拖动到"天安门"合成中；将时间线指示器移动到第 0 :00 :02 :13 帧位置，按 Alt+] 组合键裁剪素材长度。按 Ctrl+Y 组合键，新建纯色图层，并将图层名称命名为"of"。为"of"图层添加 Optical Flares 特效，图层模式为"相加"。

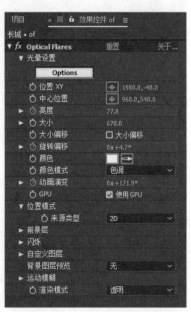

图 7-40　Optical Flares 参数 (1)

在"效果控制"面板中展开 Optical Flares 左侧下拉菜单，打开"光晕设置"下拉菜单下的 Options，进入设置界面。在"浏览器"窗口中选择"预设浏览器"，单击 Pro Presets 2 文件夹，选择 Vertical Limit 特效，如图 7-41 所示。

在"光晕对象"下选择"斯派克球"选项，为光效添加"斯派克球""闪光""微光"对象，如图 7-42 所示。

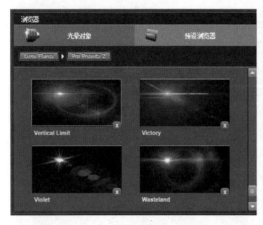

图 7-41　选择 Vertical Limit 特效

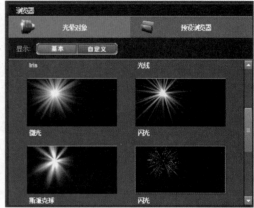

图 7-42　添加基本光晕对象

在"堆栈"窗口中选择"全局参数"，将"颜色"改为红色。单击右上角的 OK 按钮，完成预置特效的添加，如图 7-43 所示。

图 7-43　完成预置特效的添加（2）

将时间线指示器移动到第 0 :00 :00 :00 帧的位置,打开效果控件,单击"亮度"选项的时间变化秒表⏱,添加关键帧,设置"亮度"值为 170.1;将时间线指示器移动到第 0 :00 :02 :00 帧的位置,将"亮度"参数调整为 581.4;在第 0 :00 :02 :13 帧位置,将"亮度"参数调整为 1500.0;在第 0 :00 :02 :24 帧位置,将"亮度"参数调整为 131.3,系统自动记录关键帧。

将时间线指示器移动到第 0 :00 :02 :00 帧的位置,单击"动画演变"选项的时间变化秒表⏱,设置关键帧为 0.0°;在第 0 :00 :02 :24 帧位置设置关键帧为"0x,+282.2°",其他参数如图 7-44 所示。

打开"变换"选项,在第 0 :00 :00 :00 帧位置调整"不透明度"为 0%;在第 0 :00 :00 :08 帧位置将"不透明度"调整为 100;在第 0 :00 :02 :16 帧和第 0 :00 :02 :24 帧位置添加关键帧,并将第 0 :00 :02 :24 帧的"不透明度"参数调整为 0%。

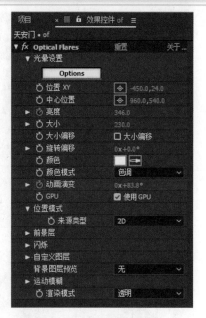

图 7-44　Optical Flares 参数 (2)

5.为华表合成添加光效

将"华表"素材拖动到"华表"合成中,将时间线指示器移动到第 0 :00 :02 :13 帧的位置,按 Alt+] 组合键裁剪素材长度。按 Ctrl+Y 组合键,新建纯色图层,并将图层名称命名为"of"。为"of"图层添加 Optical Flares 特效,图层模式设置为"相加"。

在"效果控制"面板中展开 Optical Flares 左侧下拉菜单,打开"光晕设置"下拉菜单下的 Options,进入设置界面。在"浏览器"窗口中选择"预设浏览器",单击 Light 文件夹,选择 Beached 特效,如图 7-45 所示。

在"堆栈"窗口中,调整 Spike Ball 亮度为 150,大小为 200,如图 7-46 所示。

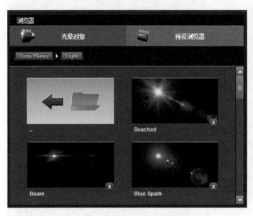

图 7-45　选择 Beached 特效

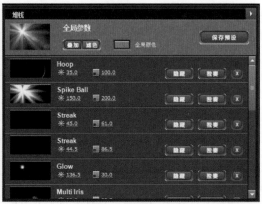

图 7-46　设置光效参数

单击右上角的 OK 按钮,完成预置特效的添加,如图 7-47 所示。

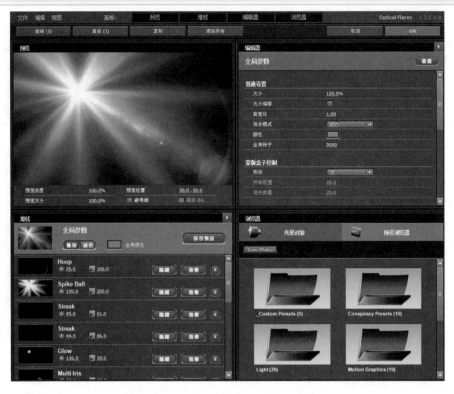

图 7-47　完成预置特效的添加 (3)

　　将时间线指示器移动到第 0 :00 :00 :00 帧的位置,打开效果控件,单击"亮度"和"大小"选项的时间变化秒表 ⏱,添加关键帧,设置"亮度"值为 0,"大小"值为 79.7；将时间线指示器移动到第 0 :00 :02 :00 帧的位置,调整"亮度"值为 146.7,"大小"值为 79.5；在第 0 :00 :02 :13 帧位置,调整"亮度"值为 250,"大小"值为 160；在第 0 :00 :02 :24 帧位置,调整"亮度"值为 0.0,"大小"值为 0.0,系统自动记录关键帧。

　　单击"旋转偏移"选项前的时间变化秒表 ⏱,在第 0 :00 :00 :00 帧位置记录关键帧,参数为 12.0°；在第 0 :00 :02 :24 帧参数调整为 0.0°。单击"动画演变"的时间变化秒表 ⏱,设置第 0 :00 :00 处关键帧的值为 0.0°；在第 0 :00 :02 :24 帧关键帧的值修改为"0x, +138.0°",其他参数如图 7-48 所示。

图 7-48　Optical Flares 参数 (3)

　　打开"变换"选项,在第 0 :00 :00 :00 帧位置调整"不透明度"为 0%,在第 0 :00 :00 :16 帧位置调整参数为 100,在第 0 :00 :02 :14 帧和第 0 :00 :02 :24 帧位置添加关键帧,并将第 0 :00 :02 :24 帧位置的"不透明度"参数调整为 0%。

6．为中国梦合成添加光效

分别将"蓝天""中国梦"素材拖动到"中国梦"合成中，将"中国梦"图层放置在"蓝天"图层的上方。

按 Ctrl+Y 组合键，新建纯色图层，并将图层名称命名为"of"。为"of"图层添加 Optical Flares 特效，设置图层模式为"相加"。在"效果控制"面板中，打开 Optical Flares 左侧的下拉菜单，打开"光晕设置"下拉菜单中的 Options，进入设置界面。在"浏览器"窗口中选择"预设浏览器"，单击 Light 文件夹，选择 Beached 特效，如图 7-49 所示。

在"堆栈"窗口中，调整 Spike Ball 亮度为 200.0，大小为 200.0，如图 7-50 所示。

单击右上角的 OK 按钮，完成预置特效的添加，如图 7-51 所示。

图 7-49　再次选择 Beached 特效

图 7-50　设置参数

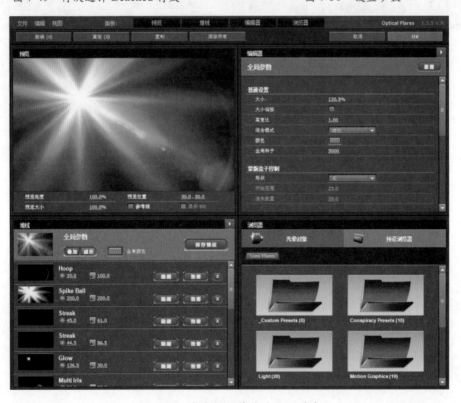

图 7-51　完成预置特效的添加（4）

单击"动画演变"的时间变化秒表 ⏱，在第 0：00：00：00 帧位置设置关键帧为 0.0°，在第 0：00：02：24 帧位置设置关键帧为"0x，+50.0"，其他参数如图 7-52 所示。

7．设置图层顺序

选择"中国梦 1"合成，将"长城""天安门""华表""中国梦"合成拖动到"中国梦 1"合成的"时间轴"面板中，并按照顺序排列。"长城"合成的入点为第 0：00：00：00 帧，"天安门"合成的入点为第 0：00：02：13 帧，"华表"合成的入点为第 0：00：05：01 帧，"中国梦"合成的入点为第 0：00：07：14 帧，"时间轴"面板如图 7-53 所示。

8．添加音乐

导入"音乐"素材到"项目"面板中，将音效拖动到"中国梦 1"合成图层最下方。

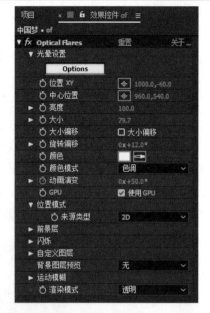

图 7-52　Optical Flares 参数（4）

图 7-53　"中国梦 1"时间轴

9．渲染输出

按 Ctrl+M 组合键打开"渲染队列"面板，对影片进行渲染输出。

7.3.4　项目评价

本项目设立情境，以"中国梦"为出发点，利用 After Effects CC 外挂插件 Optical Flares 制作光效及转场特效，既具有现实意义，又能增强学生的创新能力。

7.4　拓展微课堂——电影中的光效运用

影视特效在电影中使用越来越广泛，影视作品中合理地利用光效能够使作品更加绚丽，提高作品的感染力。光效能够与声音元素结合，从而带给观众更好的视觉感受，使观众的情绪更加饱满。电影中的光效可以分为物理光效和艺术光效。

物理光效是运用光线的照明，从而实现不同类型的灯光造型。在影视作品中，视觉元素还不能形成物理光源的形式，所以要通过设计阴影的方法找出光源的位置和种类，防止在影片拍摄过程中出现镜头穿帮，如图 7-54 所示。

图 7-54　电影《战狼 2》中光效的运用

在使用艺术光效的过程中,能够使影片的色彩更加绚丽,使画面效果更加多元化,这类光效一般是借助特效软件完成的,能够运用各种内置插件,从而创造出各种光影的元素,如图 7-55 所示。

图 7-55　电影《灰姑娘》中光效的运用

1.光效的功能

光效能够使影视作品的色彩更加丰富,其主要的功能有以下几个方面。

(1)强调主体。在影视作品中,主体指的不仅仅是画面,同时也可以指图形和图片等,一般在影视作品的片头中常见,运用光效能够使影视作品的 LOGO 更加清晰,突出主体,如图 7-56 所示。

(2)渲染场景,烘托气氛。在影视作品中,运用光效能够烘托出影视作品的气氛,使影视作品变得轻松幽默或者严肃沉重。在影视作品《流浪地球》中,讲述了太阳即将毁灭,面对绝境,人类将开启"流浪地球"计划,试图带着地球一起逃离太阳系、寻找人类新家园的故事。在作品中,为了躲避这场灾难,人类决定把地球改装成巨大的飞行器,在地球表面建造了上万座转向发动机,推动地球离开太阳系并奔往另外一个栖息地。地球在浩瀚的宇宙中成了孤寂的流浪者。本作品运用光影特效,将地球的孤独、坚韧和勇敢展现在观众面前，让观众能够沉下心来观看作品，并带来强烈的视觉冲击，使观众的情绪高涨，如图7-57所示。

图7-56　电影《上海堡垒》光效

图7-57　《流浪地球》剧照

（3）使观众更加具有想象力。光效在科幻片中使用得比较多，能够使影片具有更大的想象空间，影片《哈利波特》讲述的是一个小男孩在魔法学校成长的故事，在使用魔法的时候就借助了光效，使影片更加逼真，如图7-58所示。

2．光效制作的相关原则

（1）色彩搭配采用对比的原则。在光效的制作过程中应该强调明暗的变化，实现明暗对比。在对色彩进行对比的过程中，一般使用的是中长调的对比方式，从而提高人们的视觉感受，使色彩更加具有视觉冲击力。光线是依附于明暗效果实现的，通过明暗的对比能够使视觉效果更加完善。在影视作品中，设计背景时一般将背景设计成暗色调。在光效设计的过程中，尽量不要出现曝光过度的问题，如图7-59所示。

（2）画面构图应该遵循的原则。在对光效进行设计的过程中，应该分析光效的形状。光效应该与画面中的文字和图形一致，从而实现构图的均衡化效果。如果光效是通过点和线呈现的，线条在呈现的过程中就要实现有序性，这样能够通过不同的角度观察到光效。如果光效是针对文字来设计的，光效就会被定义为直线，光效的长度应该大于文字的长度，才能起到良好的视觉效果，如图7-60所示。

图 7-58　电影《哈利波特与死亡圣器》的海报

图 7-59　《流浪地球》光效

图 7-60　电视剧《西游记》海报

影视作品中对于光效的使用还是比较常见的，影视作品中特效的使用能够增强画面的可看性，激发人们的想象力，使画面更加绚丽，具有美感。在使用光效的过程中应该坚持色彩搭配采用对比的原则，画面构图要通过设计阴影的方法找出光源的位置和种类，使光源的物理特征比较明显，从而使影视作品的叙述更加完整，起到良好的叙事效果。

7.5　模块小结

本模块主要讲述影视后期制作中的光效使用方法。添加光效可以让画面更加绚丽，更富有立体感。通过"流光倒计时"案例让学生熟悉 After Effects CC 内置光效的应用及操作；知识图谱环节系统地介绍了部分 After Effects CC 内置光效和外挂光效插件的参数情况；通过情境设计"中国梦"，学生可以了解 After Effects CC 外挂光效插件 Optical Flares 的操作和使用。

同时，通过扫描二维码可以观看本模块完整的教学视频，学生可以进行自主学习。

7.6　模块测试

一、填空题

1. After Effects CC 的光效主要分为_____和_____两种。

2. CC Light Burst 光效的作用是_____。

3. 使用 After Effects CC 外挂光效插件 Optical Flares 时，需要将其添加到_____层，并且需要将图层模式调整为_____模式。

4. _____特效可以使图像上不同颜色产生不同光芒，产生光线放射的效果。

5. _____特效可以模拟自然界中的放电效果，对特效参数修改后，可以产生不同的闪电形状。

二、实训题

制作光效实例"舞动光线"。

创作思路：根据本模块所学知识制作一段运动的光线，可与实拍视频或者图片相结合，制作出绚丽的光效效果。

创作要求：①为视频或者图片添加光效效果；②光效效果运用合理，光效动态和视频图片节奏衔接顺畅；③构思新颖，主题明确。

模块8　粒子仿真

After Effects CC 中的效果系统可以实现同一场景中多种从小到大的细节颗粒,例如花瓣飞舞、雪花飘落、烟花炸开、下雨等效果。After Effects CC 中自带的粒子效果有 CC Particle World 和 CC Particle System。其他粒子插件中最为著名的是 Trapcode 中的 Particular,除此之外,还有 Plexus、Mir、Form 等其他类型的粒子。Particular 的功能非常强大,可以做出各种各样的粒子特效,比如爆炸粒子、黑客帝国的数字雨和背景光束等。需要注意的是, Particular 是 3D 粒子,但图层不是 3D 的,因此需要新建一个摄像机来查看 Particular 的 3D 状态。

🕛 关键词
粒子(Particular)　发射器　Form 粒子系统

🕛 任务与目标
(1) 边做边学——"粒子光效的 LOGO 演绎"。掌握 After Effects CC 中粒子系统的使用以及光效的制作方法。

(2) 知识图谱——熟悉常用的内置粒子特效和外置粒子特效。

(3) 情境设计——"粒子地球"。熟练掌握 Form 粒子系统的操作技巧。

🕛 二维码扫描
可扫描以下二维码观看本模块教学视频。

粒子光效的 LOGO 演绎

粒子地球

8.1　任务:边做边学——"粒子光效的 LOGO 演绎"

8.1.1　任务描述

粒子光效在影视后期、栏目包装制作中应用非常广泛,如何制作粒子光效,并实现与 LOGO 演绎的结合是一项重要的技能。本任务结合提供的插件,利用 After Effects CC 软件的粒子系统、光效安装、表达式等实现粒子光效的 LOGO 演绎,如图 8-1 所示。

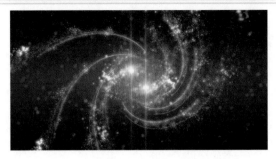

图 8-1　粒子光效的 LOGO 演绎效果

8.1.2　任务目标

本任务通过对粒子系统和光效的综合操作,实现如图 8-1 所示的粒子仿真 LOGO 演绎的光效效果。

8.1.3　任务分析

第一步,解决粒子发射器旋转入画的问题;第二步,利用 After Effects CC 软件的粒子系统制作粒子效果;第三步,制作光效效果,使画面更美观。

8.1.4　任务实施

1.新建"合成"

运行 After Effects CC 软件,新建"合成",命名为"粒子",设置尺寸为 4096×2160 像素,像素长宽比为"方形像素","帧速率"为 25 帧/秒,"持续时间"为 0:00:15:00。

2.添加各图层元素并且设立相应关系

选择"图层"→"新建"→"空对象"命令或按 Ctrl+Alt+Shift+Y 组合键,建立一个空白对象"空 1"。新建两个灯光图层,分别命名为"发射器 1"和"发射器 2",如图 8-2 所示。添加一个摄像机,并修改摄像机的位置参数,如图 8-3 和图 8-4 所示。

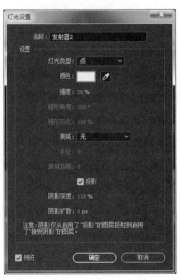

图 8-2　新建两个灯光图层

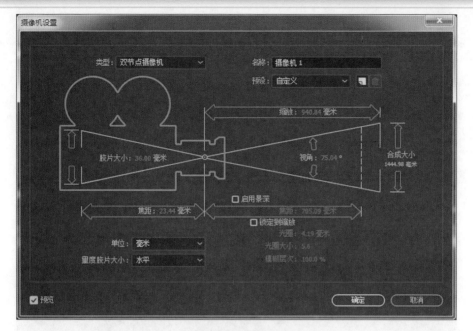

图 8-3　添加摄像机

图 8-4　设置摄像机参数

　　将"空 1"图层的 3D 图层按钮 打开,拖动"发射器 1"和"发射器 2"图层的父子关系按钮 到"空 1"图层,将两个灯光图层与空图层建立父子关系,如图 8-5 所示。

图 8-5　建立父子关系

　　选中"空 1"层,分别在第 0 :00 :00 :00 帧和第 0 :00 :06 :01 帧为"位置"属性和"X 轴旋转"属性设置关键帧,如图 8-6 和图 8-7 所示。

　　选中两个灯光图层,分别在第 0 :00 :00 :00 帧和第 0 :00 :06 :01 帧为"位置"属性设置关键帧,设置如图 8-8 和图 8-9 所示。

图 8-6　设置空对象图层第 0 :00 :00 :00 帧的关键帧参数

图 8-7　设置空对象图层第 0 :00 :06 :01 帧的关键帧参数

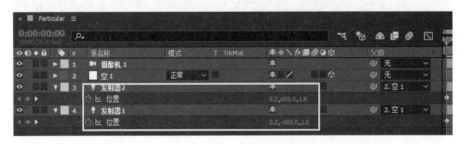

图 8-8　设置两个灯光图层第 0 :00 :00 :00 帧的关键帧参数

图 8-9　设置两个灯光图层第 0 :00 :06 :01 帧的关键帧参数

　　按 Ctrl+Y 组合键新建一个纯色图层,命名为"粒子",在"效果和预设"面板中搜索 Particular 特效,将 Particular 特效拖动到"粒子"图层,如图 8-10 所示。

在"效果控件"面板中依次设置"发射器""粒子""物理学""辅助系统""能见度"参数,如图 8-11～图 8-15 所示。在第 0 :00 :04 :00 帧处为"粒子/秒"添加关键帧,设置参数值为 8400,在第 0 :00 :06 :00 帧处将参数修改为 0。

图 8-10　搜索 Particular

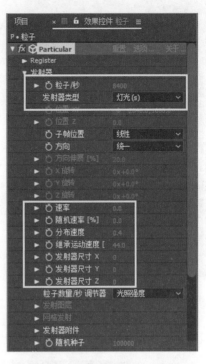

图 8-11　设置"发射器"参数

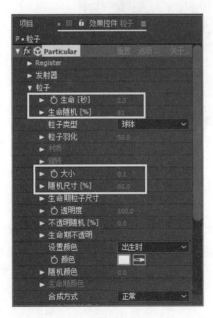

图 8-12　设置"粒子"参数

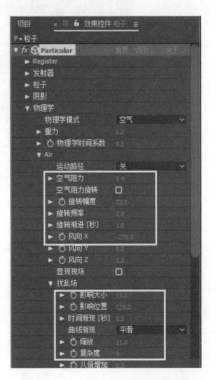

图 8-13　设置"物理学"参数

图 8-14　设置"辅助系统"参数

图 8-15　设置"能见度"参数

依次设置好上述参数后，预览时间线，观察粒子运动轨迹，如图 8-16 所示。

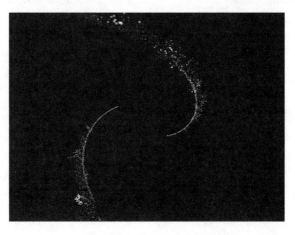

图 8-16　粒子运动轨迹

3．利用已建好的合成丰富画面，调整粒子走向及画面位置

新建一个"合成"，命名为"Particular_ 合成 1"，将合成 Particular 拖动四次到新合成中，上下依次排列。全部选中图后，按 R 键，显示四个图层的"旋转"属性，将序号 2、3、4 的图层的"旋转"属性分别设置为−16°、25°、71°，"缩放"属性设置为 175%，如图 8-17 所示。这样做的目的是使画面中粒子的布局及体积得到美化，效果如图 8-18 所示。

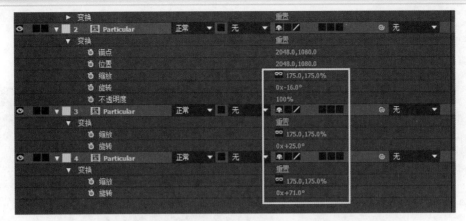

图 8-17 设置"旋转"属性

图 8-18 预览效果（1）

4. 调整合成的颜色以及随机性

新建一个"合成"，命名为"最终合成"。将"Particular_ 合成 1"放入"最终合成"中，按 Ctrl+D 组合键复制"Particular_ 合成 1"，将两个"Particular_ 合成 1"在时间上错开几帧，并将复制的"Particular_ 合成 1"的"缩放"属性设置为 109%，如图 8-19 所示。

图 8-19 新建合成"最终合成"

为在"时间轴"面板中时间靠前的"Particular_ 合成 1"图层添加特效"发光"，具体参数设置如图 8-20 所示。

依次设置完上述参数后，预览面板显示效果，如图 8-21 所示。

5. 为图层添加光效

新建一个"合成"，命名为"光效"。选择"光效"合成，再选择"文件"→"新建"→"摄像机"命令，新建摄像机图层，命名为 Camera1，设计摄像机位置参数为"−620.0，1068.0，2.0"。

图 8-20 "发光"特效参数　　　　　　　　　　图 8-21 预览效果（2）

选择"文件"→"新建"→"空对象"命令，添加空对象图层，命名为 Null3。选择"文件"→"新建"→"灯光"命令，添加两个灯光图层，分别命名为 A1 和 A2。选择"文件"→"新建"→"纯色"命令，添加一个纯色图层，命名为"旋转光效"，如图 8-22所示。

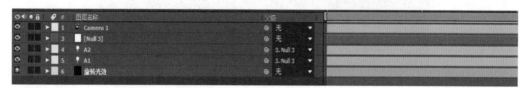

图 8-22 新建"光效"合成

打开 Null3 图层的 3D 图层按钮，拖动 A1 和 A2 图层的父子关系按钮到Null3 空图层，将两个灯光图层与空图层建立父子关系，并设置 Null3 图层的"位置""X 轴旋转"属性关键帧。在第 0∶00∶00 帧添加关键帧，如图 8-23 所示；在第 0∶00∶06∶01 帧修改关键帧参数，如图 8-24 所示。设置 A1 灯光图层的位置属性为"0.2，172.8，1.8"；设置 A2 灯光图层的位置属性为"0.2，−172.8，1.8"。

图 8-23 添加关键帧

图 8-24　修改关键帧参数

　　选择"旋转光效"图层，再选择"效果"→ Trapcode → Optical 命令，添加 Optical Flares 特效。展开 Optical 特效，在预设浏览器中选择 Pro Presets 2，选择 Crystalize 效果，如图 8-25 所示。

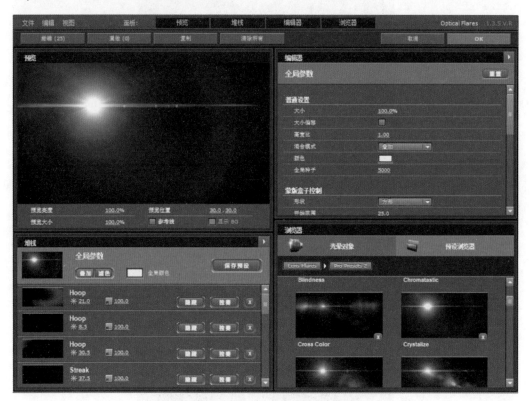

图 8-25　选择 Optical Flares 特效光

　　设置 Optical Flares 光效参数，如图 8-26 所示。

　　设置完上述参数后，对"亮度"和"大小"属性设置关键帧。在第 0 :00 :00 : 00 帧参数分别为 0、0，在第 0 :00 :02 :08 帧参数分别为 100、660，在第 0 :00 :04 : 07 帧参数分别为 100、660，在第 0 :00 :05 :00 帧参数分别为 300、460，在第 0 :00 : 05 :09 帧参数分别为 0、0，如图 8-27 所示，效果如图 8-28 所示。

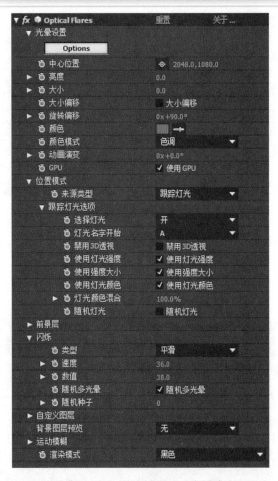

图 8-26　设置 Optical Flares 光效参数

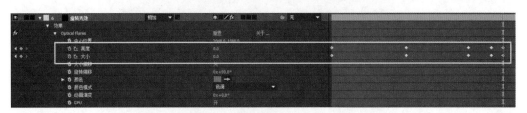

图 8-27　设置关键帧（1）

图 8-28　预览效果（3）

6．整理合成，将粒子图层和光效图层进行叠加

将光效图层放在所有粒子图层的上面，将图层模式改为"屏幕"，如图 8-29 所示，预览效果如图 8-30 所示。

图 8-29　选用"屏幕"叠加方式

图 8-30　预览效果（4）

7．制作画面背景

在"最终合成"中新建一个纯色图层，命名为"背景 1"，并为"背景 1"图层添加"填充"特效，然后将填充颜色改为蓝色"#1575A1"。

选中该图层，使用工具栏中的矩形蒙版工具画一个长方形蒙版，如图 8-31 所示。按 M 键 2 次，打开蒙版路径参数面板，调整参数如图 8-32 所示。

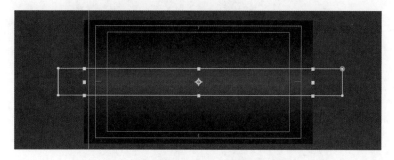

图 8-31　长方形蒙版

图 8-32　蒙版路径参数

新建合成并命名为"背景2",添加纯色图层。为该纯色图层添加 Particular 粒子效果,并设置参数如图 8-33 所示。将合成"背景2"添加到"最终合成"中,并设置"背景2"及"Particular_合成1"图层的"不透明度"关键帧,第 0 :00 :06 :00 帧参数为100,第 0 :00 :08 :00 帧参数修改为0,如图 8-34 所示。再为"背景2"图层添加"摄像机模糊"特效,设置"模糊半径"为28。

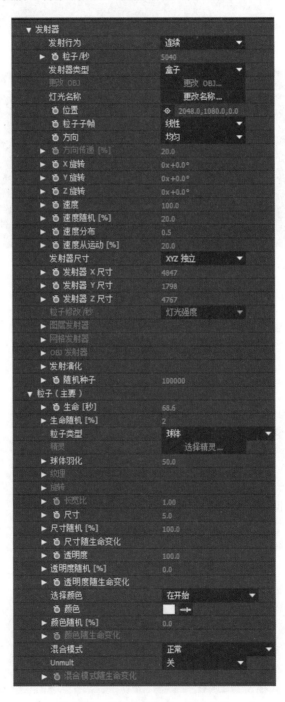

图 8-33　设置 Particular 粒子参数

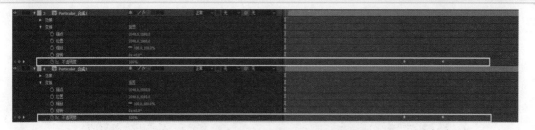

图 8-34　设置"不透明度"关键帧

8．制作文字

新建合成并命名为"文字"，输入文字内容"教程　粒子仿真"，添加特效"填充"，设置颜色参数为"2390FF"。

将"文字"合成添加到"最终合成"中，然后绘制蒙版，并添加"发光"效果，设置"发光"效果参数，"发光颜色"为"A 和 B 颜色"，"颜色 A"为"R：255，G：255，B：255"，"颜色 B"为"R：255，G：0，B：0"，设置关键帧并修改参数。在第 0：00：03：10 帧和第 0：00：04：22 帧设置"蒙版扩展"的数值分别为−422 和 673。在第 0：00：03：10 帧、第 0：00：05：01 帧、第 0：00：05：22 帧、第 0：00：07：23 帧设置"发光阈值"的数值分别为 35.3、47.5、47.5、0。在第 0：00：03：10 帧、第 0：00：04：07 帧、第 0：00：05：01 帧设置"发光半径"的数值分别为 63、233.5、0。在第 0：00：05：22 帧、第 0：00：07：23 帧设置"发光强度"的数值分别为 5.2 和 0。在第 0：00：03：10 帧和第 0：00：09：22 帧设置"缩放"的数值分别为 66% 和 150%，如图 8-35 所示。

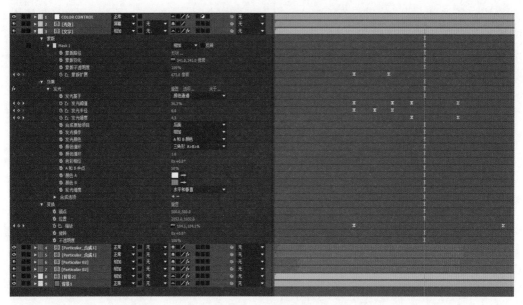

图 8-35　设置关键帧（2）

9．渲染输出

按 Ctrl+M 组合键打开"渲染队列"面板，对影片进行渲染输出，如图 8-36 所示。

图 8-36 预览效果（5）

8.1.5 任务评价

本任务结合粒子系统和光效效果,目的在于考查学生运用粒子的能力。通过调整粒子的参数,掌握各种粒子特效的操作技巧;通过父子关系的运用,掌握如何将物体的运动与空层绑定。

8.2 知 识 图 谱

8.2.1 内置粒子特效

"粒子运动场""焦散""卡片动画""粒子运动场""泡沫""碎片"特效同属于"模拟"特效系统。其中的"粒子运动场"特效可以产生大量相似物体独立运动的模拟效果。在自然界中存在很多个体独立而整体相似的物体运动,可以通过该粒子特效系统模拟符合这种自然规律的运动,比如雪花、雨点等都可以是模拟的对象。这种相互之间具有制约、整体相似而个体不同的物质称为粒子。"粒子运动场"特效可以从物理学和数学上对它们进行描述来模拟产生真实的粒子运动效果,比如纷飞的大雪花、飘落的大雨滴等。

在 After Effects CC 中,粒子效果集合在"效果"→"模拟"菜单中。After Effects CC 内置的粒子效果一共有 18 种,分别是卡片动画、焦散、CC 滚珠操作、CC 吹泡泡、CC 细雨滴、CC 毛发、CC 水银滴落、CC 粒子仿真系统Ⅱ、CC 粒子仿真世界、CC 像素多边形、CC 降雨、CC 散射、CC 降雪、CC 星爆、泡沫、粒子运动场、碎片和波形环境,如图 8-37 所示。下面介绍部分粒子效果。

1. CC Particle Systems Ⅱ（CC 粒子仿真系统Ⅱ）

CC 粒子仿真系统Ⅱ用来制作燃放的礼花、绚丽的星空背景、缤纷多姿的星星等。在CC 粒子仿真系统Ⅱ面板中,参数是决定最终效果的关键因素,如图 8-38 所示。

- Birth Rate（生长速度）:决定粒子诞生的初始速度。
- Longevity（sec）（寿命（秒））:控制粒子从出现到消失的时间。
- Producer（产生点）:调整粒子的位置和走向。

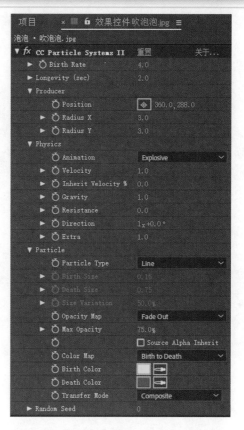

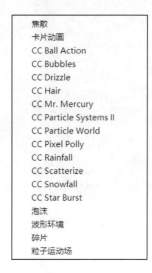

图8-37　粒子效果　　　　图8-38　"CC粒子仿真系统Ⅱ"参数面板

● Physics（物理性）：包括调整 Animation（动画）、Velocity（速率）、Inherit Velocity（继承速率）、Gravity（重力）、Resistance（阻力）、Direction（方向）、Extra（额外）等。

● Particle（粒子）：调整 Particle Type（粒子的类型）、Birth Size（生长尺寸）、Death Size（消逝尺寸）、Size Variation（大小变化）、Opacity Map（透明映射）、Max Opacity（最大透明度）、Color Map（颜色映射）、Birth Color（生长颜色）、Death Color（消逝颜色）、Transfer Mode（传送模式）等。

众所周知，在雨天和雪天等特殊天气环境下，拍摄出来的画面效果并不理想，很多时候需要进行后期处理。图8-39所示为添加CC粒子仿真系统Ⅱ后的效果。

图8-39　CC粒子仿真系统效果

2．CC Rainfall、CC Snowfall（CC 降雨、CC 降雪）

添加"效果"→"模拟"→"CC 降雨"和"效果"→"模拟"→"CC 降雪"特效，精确设置参数，实现理想的下雨和下雪效果，如图 8-40 和图 8-41 所示。

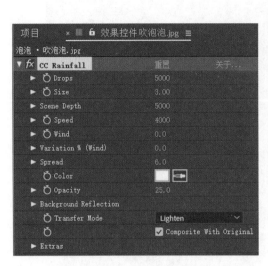

图 8-40　"CC 降雨"参数面板　　　　图 8-41　"CC 降雪"参数面板

- Drops（数量）：调整雨滴的数量。
- Size（尺寸）：调整单个雨滴的大小。
- Scene Depth（景深）：整个粒子的纵深度，增加雨滴的纵深感。
- Speed（速度）：调整雨滴降落的速度。
- Wind（风）：调整在风力的作用下下雨的角度。
- Vairation %（Wind）：调整风速的变化。
- Spread（展开）：调整雨线的分散程度。
- Opacity（透明度）：调整雨点的透明程度。
- Background Reflection（背景反射）：调整雨滴与背景的叠加模式，一般选择 Lighten（照亮）。
- Extras（附加）：调整雨或雪的外观、补偿、电平、深度和随机度。

图 8-42 所示为一幅图片分别添加降雨和降雪特效后的效果。

3．Foam（泡沫）

在很多影视作品中，五彩缤纷的气泡、水泡或者随风吹散的花蕊效果可以通过在 After Effects CC 中内置的 Foam 特效实现。

- View（视图）：调整渲染质量的预览方式。
- Producer（制作者）：调整 Producer Point（粒子产生点）、Producer Orientation（产生方向）和 Producer Rate（产生速率）等。
- Bubbles（气泡）：设置 Size（气泡大小）、Size Variance（大小差异）、Lifespan（寿命）、Bubble Growth Speed（气泡增长速度）、Strength（强度）等。

图 8-42　降雨和降雪效果

- Physics（物理学）：设置 Initial Speed（初始速度）、Initial Direction（初始方向）、Wind Speed（风速）、Wind Direction（风向）、Turbulence（湍流）、Wobble Amount（摇摆量）、Repulsion（排斥力）、Pop Velocity（初始运动参数）、Viscosity/Stickiness（黏性）。
- Zoom（粒子缩放）：调整泡沫粒子的大小变化。
- Universe Size（综合大小）：调整粒子所在空间的活动范围大小。
- Rendering（正在渲染）：调整渲染数值。
- Flow Map（流动映射）：为粒子贴图,替换成想要的粒子颗粒样式。
- Random Speed（随机植入）：控制粒子大小的随机数,增加真实感受。

8.2.2　外置粒子特效

Trapcode 套装是专为行业标准而设计的,它功能强大,能灵活创建美丽逼真的效果。同时该套装拥有更为强大的粒子系统、三维元素以及体积灯光,可以在 After Effects CC 里随心所欲地创建理想的 3D 场景。RedGiant 出品的插件是全球销量最高的插件套装。作为影视后期必备的插件套装之一,RedGiant 以其美轮美奂的调色效果、与 After Effects CC 和 Premiere 的无缝连接、大量滤镜效果,以及降噪光晕 Letterboxer 等方面的功能,征服了无数的后期制作者。

- Particular：强大的粒子系统,可以取代 After Effects CC 内置的粒子系统。
- Shine：速度飞快的体积光插件,可以做出扫光效果。
- Starglow：生成星辉型的光芒,颜色调得好,就会有梦幻般的效果。
- 3D Stroke：可以在三维空间内产生无尽变幻的线条效果。
- Sound Keys：可以结合 Expression 来生成和音乐结合的视觉效果。
- Lux：渲染 After Effects CC 中的点光或方向光,使光源可见或者生成体积光的效果。
- Echospace：新发布的滤镜,可以为 3D 图层加上类似 Echo 滤镜的效果。

167

8.3 情境设计——"粒子地球"

8.3.1 情境创设

地球是我们的家园。粒子地球在很多方面会用到,比如栏目包装,特效制作中也常常会需要,所以我们现在就以粒子地球为例来学习"Form 粒子"的使用方法。

手机广告画面效果如图 8-43 所示。

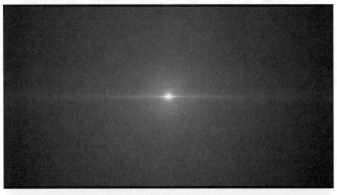

图 8-43 "粒子地球"效果

8.3.2 技术分析

(1) 结合粒子效果的运用,在 After Effects CC 中完成球体的制作。

(2) 图层之间的叠化。

8.3.3 项目实施

(1) 创建"合成"。新建"合成",命名为"旋转地球",设置尺寸为 4096×2160 像素,"帧速率"为 25 帧 / 秒,"持续时间"设置为 0 :00 :06 :00。

(2) 创建背景图层。新建纯色图层,命名为"背景"。选择背景图层,选择"效果"→"生成"→"梯度渐变"命令,添加"梯度渐变"特效。设置"梯度渐变"特效参数,"渐变起点"为"2048.0,1080.0","起始颜色"为"R :0,G :85,B :125","结束颜色"为"R :0,G :0,B :0","渐变形状"为径向渐变,如图 8-44 所示。

设置动画关键帧,在"时间轴"面板中打开"梯度渐变"选项,设置"渐变终点"参数:在第0:00:00:00帧设置为"5200.0,2160.0",在第0:00:06:00帧设置为"2800.0,1200.0",如图8-45所示。

(3)创建粒子图层。新建纯色图层,命名为"粒子"。选择"效果"→Trapcode→Form命令,为该图层添加Form特效。设置Form特效参数,打开Form中的Base Form,将Base Form设置为Sphere-Layered,如图8-46所示。

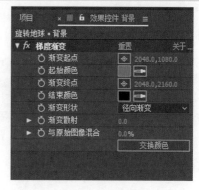

图8-44　设置梯度渐变参数

设置Particle参数。在"效果控件"面板中展开Particle选项,设置Particle Type为Glow Sphere(No DOF);设置Sphere Feather数值为100,如图8-47所示。

图8-45　设置梯度渐变终点参数

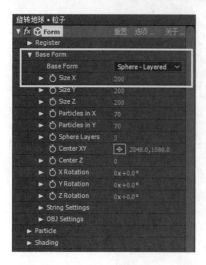

图8-46　设置Form粒子参数(1)

图8-47　设置Form粒子参数(2)

Form粒子参数设置完成后,选择"效果"→Sapphire Lighting→S_Glow命令,为粒子图层添加S_Glow特效,如图8-48所示。

(4)制作地图。新建"合成"并命名为"地图","合成"的设置同步骤(1)创建的"合成"相同。导入素材earth_spec.jpg,添加到"地图"合成的"时间轴"面板中。选中earth_spec.jpg图层,按Ctrl+D

图8-48　S_Glow特效

组合键复制该图层,调整相互间的叠化关系,将底层的 earth_spec.jpg 的轨道遮罩设置为"亮度反转遮罩",如图 8-49 所示。

图 8-49 设置亮度反转遮罩

选择"图层"→"新建"→"调整图层"命令,新建调整图层。选择该图层,选择"效果"→"生成"→"填充"特效,添加"填充"特效,填充颜色设置为"白色"(R:255;G:255;B:255)。

(5)在"旋转地球"合成中,将"地图"合成添加到"旋转地球"合成的"时间轴"面板中。选择"粒子"图层,在"效果控件"面板中展开 Form 特效参数,展开 Layer Maps 中的 Size 属性,设置 Layer 属性为"地图",将"地图"图层的属性赋予到粒子图层,如图 8-50 所示。设置好后,在"时间轴"面板中隐藏"地图"图层,如图 8-51 所示。

图 8-50 设置 Form 粒子

设置旋转动画。在"效果控件"面板中展开 Form 特效的 Base Form 选项,设置 Y Rotation 参数,在第 0:00:00:00 帧设置为"0x,+0.0°",在第 0:00:06:00 帧设置为"-1x,+0.0°",如图 8-52 所示。

图 8-51 隐藏"地图"图层

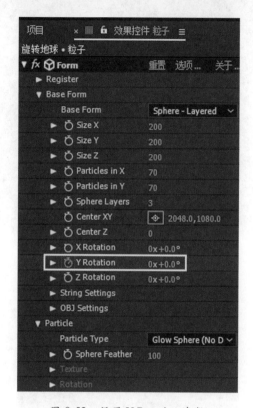

图 8-52 设置 Y Rotation 参数

（6）制作光效。新建纯色图层，命名为"光效"。选择"效果"→ Video Copilot → Optical Flares 命令，为"光效"图层添加 Optical Flares 特效，将光点调整到中心位置，将图层模式设置为"叠加"，如图 8-53 所示。

打开"光效"图层，设置光线渐弱关键帧。展开 Optical Flares 属性，设置"大小"选项，在第 0 :00 :00 :00 帧设置参数为 100，在第 0 :00 :06 :00 帧设置参数为 0，如图 8-54 所示。

（7）添加摄像机。选择"图层"→"新建"→"摄像机"命令，新建摄像机图层。

（8）新建空对象图层。选择"图层"→"新建"→"空对象"命令，新建空对象，命名为"空 2"。打开"空 2"图层的 3D 图层按钮 ，并与摄像机图层建立父子关系，"空 2"图层为"父级"，如图 8-55 所示。

图 8-53　Optical Flares 特效的设置

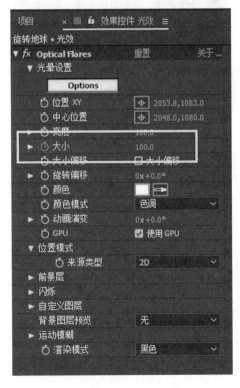

图 8-54　设置"大小"参数

图 8-55　建立父子关系

设置"空 2"位置属性关键帧，在第 0 :00 :00 :00 帧设置为"2048.0，1080.0，2800.0"；在第 0 :00 :06 :00 帧设置为"2048.0，1080.0，2200.0"，如图 8-56 所示，最终效果如图 8-57 所示。

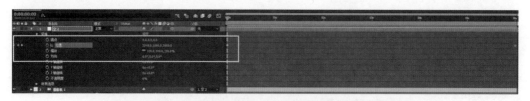

图 8-56　设置位置属性关键帧

图 8-57　预览效果（6）

（9）渲染输出。按 Ctrl+M 组合键打开"渲染队列"面板，对影片进行渲染输出。

8.3.4　项目评价

本项目主要使用 After Effects CC 插件粒子系统和光效效果，主要是训练读者运用粒子的能力。通过调整粒子的参数，掌握插件粒子特效的操作技巧。

8.4　拓展微课堂——插件的安装

插件的安装步骤如下。

（1）下载 Trapcode Suite 12.1.1 版本，解压后如图 8-58 所示，打开运行文件所在的文件夹，如图 8-59 所示。

（2）双击 64 位的安装文件，弹出安装对话框，如图 8-60 所示。

（3）单击 Next 按钮，进入下一步，如图 8-61 所示。

图 8-58　解压文件

图 8-59　打开文件夹

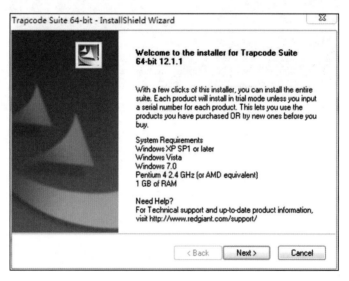

图 8-60　安装对话框

　　(4) 单击 Yes 按钮,进入下一步,如图 8-62 所示。

　　(5) 打开 Trapcode Suite 文件夹里面的 Trapcode Suite 序列号文件,如图 8-63 所示。

图 8-61　单击 Next 按钮后进入的界面

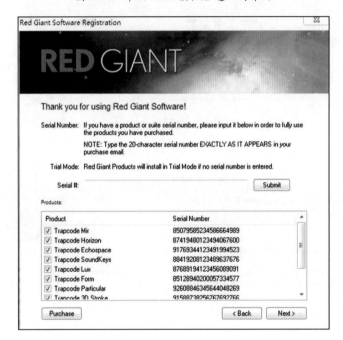

图 8-62　序列号对话框

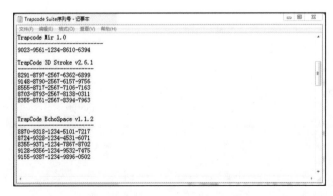

图 8-63　序列号文件

（6）将序列号依次填入方框内,等待各插件安装成功后,单击 Next 按钮,如图 8-64 所示。

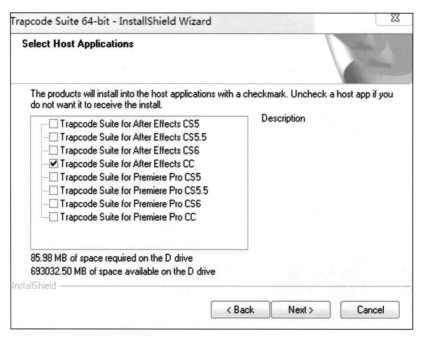

图 8-64　选择安装插件

（7）单击 Install 按钮开始安装,如图 8-65 所示。

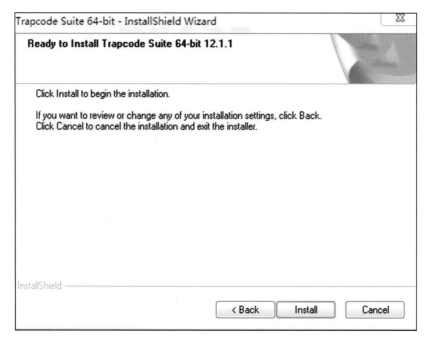

图 8-65　单击 Install 按钮开始安装

（8）安装完成后,打开 After Effects CC,找到右侧的"效果和预设"面板,会看到 Trapcode 的几个特效都已经安装成功了,如图 8-66 所示。

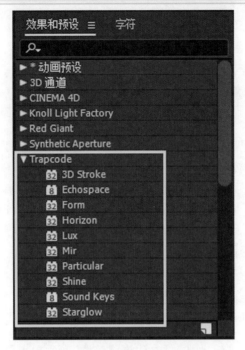

图 8-66 安装完成

8.5 模 块 小 结

本模块主要讲述影视后期制作中的粒子特效的添加方法。Particular 是应用最广泛的粒子特效,而 Form 则是最容易制作特别效果的粒子插件。通过本模块课程的学习,学生可以充分地了解特效包装、栏目包装中的特效制作过程。

8.6 模 块 测 试

一、填空题

1．在使用 Form 粒子特效时,粒子羽化的默认值是_____。

2．After Effects CC 的粒子特效应用最广泛的是_____。

二、实训题

创作粒子实例"创意片头"。

创作思路：根据本模块所学知识自选主题,制作一段运用粒子来进行包装的短片。

创作要求：①根据自己的创作思路；②视频中要有明确的粒子特效,而且粒子大小及颜色要运用得当。

模块9　跟踪与稳定

跟踪与稳定是影视后期制作中一个非常重要的内容,运动跟踪可以把实拍的素材与一些难以拍摄的素材结合到一起,使它们的运动保持同步,例如电影中魔法师手中的水晶球,或者综艺节目中跟随主持人的手一起运动的流动光效等。稳定跟踪主要用来消除前期拍摄中由于各种原因造成的画面抖动现象。After Effects CS6 以后的版本新增了 3D 摄像机跟踪和视频自动稳定两项功能,这使得向视频画面中合成新元素和稳定抖动的拍摄画面变得更为方便。

◎ 关键词
跟踪运动　跟踪摄像机　稳定运动　变形稳定器

◎ 任务与目标
(1) 边做边学——"流动光效"。认识跟踪器,熟悉单点跟踪的操作。
(2) 知识图谱——掌握跟踪运动、跟踪摄像机、稳定运动以及变形稳定器的操作方法。
(3) 情境设计——"手机广告"。熟练掌握四点跟踪的应用。

◎ 二维码扫描
可扫描以下二维码观看本模块教学视频。

流动光效

手机广告

9.1　任务：边做边学——"流动光效"

9.1.1　任务描述

粒子跟随效果在影视后期制作中应用得非常广泛,如何制作粒子并实现跟随效果,是一项重要的技能。本任务提供视频素材,利用 After Effects CC 软件的粒子系统、跟踪运动、表达式等实现粒子的跟随效果,如图 9-1 所示。

图 9-1　流动光效效果

9.1.2　任务目标

本任务首先对视频素材中的运动元素（也就是手指）进行跟踪，然后利用 After Effects CC 软件的粒子系统制作七彩粒子效果，并使用表达式将跟踪的结果赋予粒子发射器，使粒子跟随手指一起运动，从而实现流动光效效果。

9.1.3　任务分析

第一步，对素材进行运动跟踪；第二步，制作七彩粒子效果；第三步，使用表达式将跟踪的结果赋予粒子发射器；第四步，添加光效，使画面更美观。

9.1.4　任务实施

1．新建"合成"

运行 After Effects CC 软件，导入素材文件"单点跟踪.mov"，将该视频素材拖动到"新建合成"按钮上，从而新建了一个名为"单点跟踪"的合成。

2．对素材进行运动跟踪

（1）选择"图层"→"新建"→"空对象"命令或按 Ctrl+Alt+Shift+Y 组合键，建立一个空对象"空 1"，如图 9-2 所示。

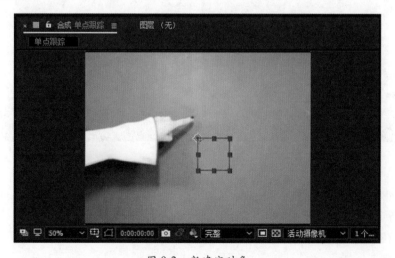

图 9-2　新建空对象

（2）选择"窗口"→"跟踪器"命令，调出"跟踪器"面板。

（3）在"时间轴"面板中选择"单点跟踪.mov"图层，将时间线指示器移动到第0：00：00：00帧，单击"跟踪器"面板中的"跟踪运动"按钮，面板处于激活状态，此时跟踪类型为默认的"变换"，如图9-3所示；在"图层"窗口中显示出位置跟踪点，如图9-4所示。

图9-3　"跟踪器"面板

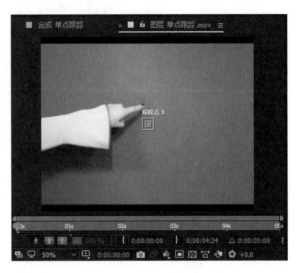

图9-4　位置跟踪点

（4）将跟踪点移动到手指的位置，调整跟踪点的"特征区域"和"搜索区域"，如图9-5所示。在"跟踪器"面板中单击"向前分析"按钮▶进行分析。分析结束后，"图层"窗口会出现相应的关键帧，如图9-6所示。

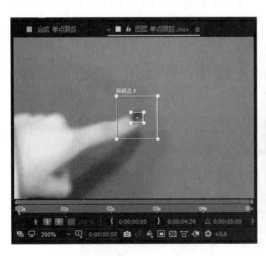

图9-5　调整跟踪点

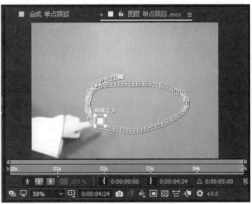

图9-6　分析后的效果

（5）单击"跟踪器"面板中的"应用"按钮，如图9-7所示，在弹出的"动态跟踪器应用选项"面板中直接单击"确定"按钮，如图9-8所示。

（6）在"时间轴"面板中选择"单点跟踪.mov"图层，按U键展开所有关键帧，可以看到刚才的跟踪点经过跟踪计算后产生的一系列关键帧，如图9-9所示。

图 9-7　单击"应用"按钮

图 9-8　单击"确定"按钮

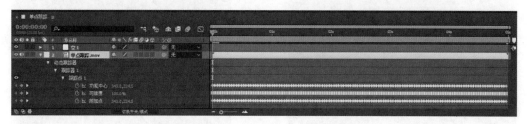

图 9-9　"单点跟踪.mov"图层的关键帧

（7）选择"空 1"图层，按 U 键展开所有关键帧，同样可以看到应用跟踪后产生的一系列关键帧，如图 9-10 所示，"合成"窗口中的效果如图 9-11 所示。

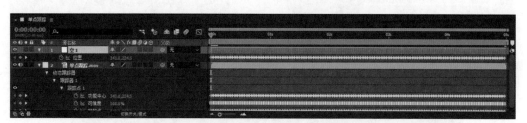

图 9-10　"空 1"图层的关键帧

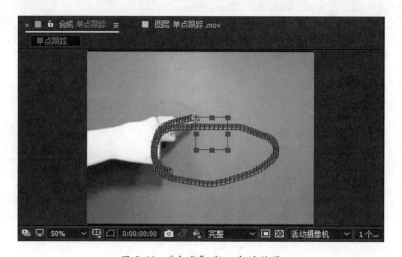

图 9-11　"合成"窗口中的效果

3．制作七彩粒子效果

选择"图层"→"新建"→"纯色"命令,或按 Ctrl+Y 组合键,新建一个黑色的纯色图层,命名为"粒子",其他参数采用默认值。

在"时间轴"面板中选择"粒子"图层,选择"效果"→ Trapcode → Particular 命令,为图层添加 Particular 特效。展开"发射器",设置"粒子／秒"为 70,"速率"为 20.0,"随机速率 [%]"为 90.0,"分布速度"为 1.0,如图 9-12 所示。展开"粒子",设置"粒子类型"为"星形(无 DOF)","大小"为 10.0,"随机尺寸 [%]"为 55.0,"透明度"为 40.0,"随机颜色"为 100.0,"合成方式"为"加强",如图 9-13 所示,从而制作出七彩粒子效果,如图 9-14 所示。

图 9-12　设置"发射器"属性

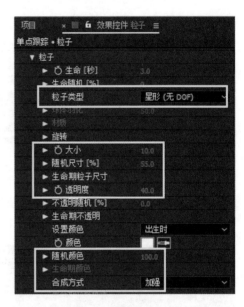

图 9-13　设置"粒子"属性

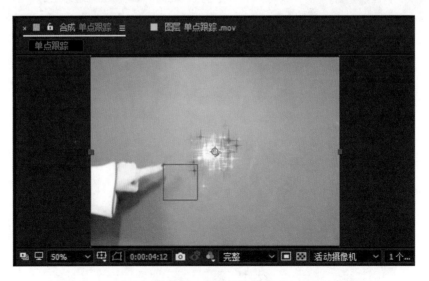

图 9-14　七彩粒子效果

📑 提示

Particular 是 After Effects CC 粒子特效套装 Red Giant Trapcode 中的一个三维粒子插件，可以模拟烟、火、闪光等各种自然效果。在使用之前，需要先将该插件安装到 After Effects CC 安装路径的 Plug-ins 文件夹下。

4．为粒子添加发光效果

选择"粒子"图层，选择"效果"→"风格化"→"发光"命令，为图层添加发光特效，参数设置采用默认值，效果如图 9-15 所示。

图 9-15　为粒子添加发光效果

5．制作粒子跟随效果

选择"粒子"图层，按住 Alt 键并单击 Particular 特效中"位置 XY"属性的时间变化秒表 🕐，为其添加表达式 thisComp.layer ("空 1").transform.position，将"空 1"图层的"位置"属性关键帧赋予"粒子"图层的"发射器位置"，从而实现粒子跟随效果，如图 9-16 和图 9-17 所示。

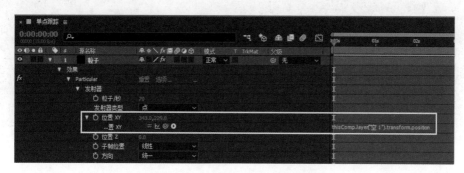

图 9-16　为发射器"位置"添加属性

📑 提示

如果是最新版本的 Particular，需将表达式的内容修改为：temp=thisComp.layer ("空 1"). transform.position; [temp[0], temp[1], 0]。

6．添加光效

选择"图层"→"新建"→"纯色"命令或按 Ctrl+ Y 组合键，新建一个纯色图层，颜色为黑色，命名为"光效"，其他参数采用默认值。

图 9-17　粒子跟随效果

选择"光效"图层,选择"效果"→ Knoll Light Factory → Light Factory 命令,为图层添加"灯光工厂"特效。单击"选项"按钮,进入光效的设置界面,将横向光线效果取消,如图 9-18 所示。

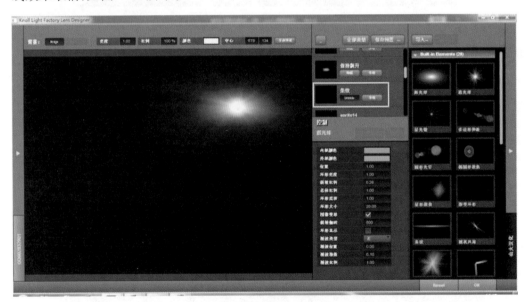

图 9-18　设置光效

在"效果控件"面板中设置"比例"为 0.50,如图 9-19 和图 9-20 所示。

📩 提示

Knoll Light Factory 是一款功能强大的光效滤镜,可用于制作各种光源与光晕等特效。在使用之前,需要先将该插件安装到 After Effects CC 安装路径的 Plug-ins 文件夹下。

7．为"光效"图层添加表达式

选择"光效"图层,按住 Alt 键并单击 Light Factory 特效中"光源位置"属性的时间变化秒表,为其添加表达式 thisComp.layer(" 空 1").transform.position。将"空 1"图层的位置关键帧赋予"光效"图层的"光源位置",使光效可以跟随粒子同步运动,如图 9-21 所示。

选择"光效"图层,将图层混合模式设置为"相加",如图 9-22 所示。最终合成效果如图 9-23 所示。

8. 渲染输出

按 Ctrl+M 组合键打开"渲染队列"面板,对影片进行渲染输出。

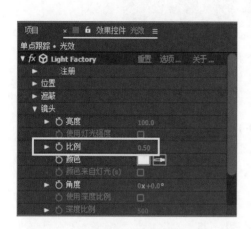

图 9-19 设置参数

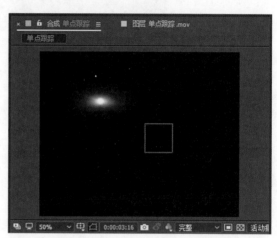

图 9-20 Light Factory 光效

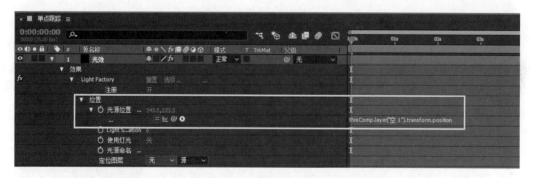

图 9-21 为"光源位置"添加属性

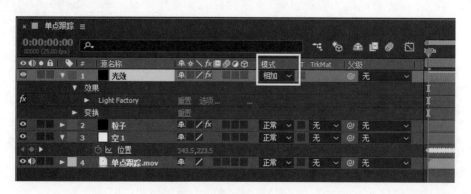

图 9-22 设置图层混合模式

图 9-23　最终合成效果

9.1.5　任务评价

本任务模拟综艺节目和科幻电影中常见的流动光效效果,目的在于考查读者运用单点跟踪的能力。通过单点跟踪,掌握运动跟踪的操作技巧;通过表达式的运用,掌握如何将运动跟踪的结果赋予对象。同时,在本任务中运用了 Particular 和 Light Factory 两个特效,使画面更加美观。

9.2　知　识　图　谱

9.2.1　运动跟踪

运动跟踪主要是对影片中运动的物体进行追踪,也就是设置一个对象跟踪另一个对象。所以,在进行运动跟踪时,应至少有两个图层,一个是跟踪目标图层,一个是连接到跟踪点的图层,其中跟踪目标图层应有明显的运动物体。

在"时间轴"面板中选择要跟踪的视频图层,单击"跟踪器"面板中的"跟踪运动"按钮,即可对视频文件进行运动跟踪,如图 9-24 所示。进行跟踪时,首先需要定义一个跟踪范围,跟踪范围由两个线框和一个十字形标记构成,其中大线框为搜索区域,小线框为特征区域,十字形标记为产生关键帧的附加点,如图 9-25 所示。特征区域用于定义跟踪目标的范围,对图像进行运动跟踪时,要确保特征区域相对于周围区域有强烈反差的对比色。一般情况下,在前期拍摄时,摄像师就要设计好具有明显特征的跟踪目标,这样可以使后期的运动跟踪制作更加容易。搜索区域用于定义下一帧的跟踪区域,搜索区域的大小与所要跟踪目标的运动速度有关,当被跟踪目标的运动速度较慢时,搜索区域只要略大于跟踪区域即可;

图 9-24　"跟踪器"面板的设置 (1)

当被跟踪目标运动较快时,两帧之间的位移变大,搜索区域也跟着增大,此时要让搜索区域包括两帧位移所移动的范围,但搜索区域增大会增加跟踪时间。

提示

为了整体移动搜索区域、特征区域和关键帧标志,可以使用选择工具在搜索区域或跟踪区域内拖动(避开区域的边缘及关键帧标志)。

在 After Effects CC 中,默认跟踪类型是"变换",这种运动跟踪类型可以对素材的位置、旋转、缩放等进行跟踪。跟踪位置时,只创建一个跟踪点,因此也被称为单点跟踪,如图 9-26 所示;跟踪旋转或跟踪缩放时,创建两个跟踪点。

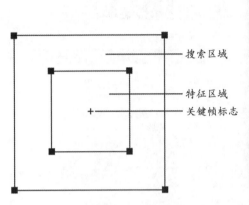

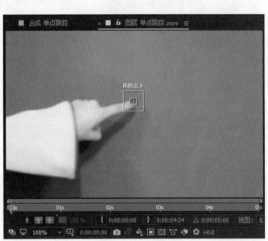

图 9-25　跟踪点组件　　　　　　　　图 9-26　单点跟踪

After Effects CC 还提供了另外两种更高级的跟踪类型:平行边角定位和透视边角定位。当使用"平行边角定位"进行跟踪时,将同时跟踪源素材的 3 个点,After Effects CC 自动计算出第 4 个点的位置,使 4 个点之间的连线保持平行。跟踪完成后,自动为目标图层添加一个"边角定位"特效,该特效扭曲图层,可以模拟缩放、旋转和斜切效果,但不能模拟透视效果。

使用"透视边角定位"进行跟踪时,将同时跟踪源素材的 4 个点。"边角定位"特效被应用到目标图层时,根据 4 个跟踪点的位置来扭曲图层,因此可以模拟透视的变化。这种跟踪类型多用于对四边形形状(比如手机屏幕、计算机显示器等)进行跟踪,也被称为四点跟踪,如图 9-27 和图 9-28 所示。

9.2.2　摄影机跟踪

After Effects CC 中的"3D 摄像机跟踪"功能可以对实拍素材进行分析计算,得到一个虚拟的摄像机,以便于向视频画面中添加匹配动态视频的文字和图片、视频等新元素。操作方法如下。

(1)进行摄像机跟踪:在"时间轴"面板中选择要跟踪的视频图层,单击"跟踪器"面板中的"跟踪摄像机"按钮,"合成"窗口的视频画面中将显示"在后台分析(第 1 步,共 2 步)"的提示,如图 9-29 所示,此时在"效果控件"面板中添加了一个"3D摄像机跟踪器"效果并提示分析的百分比进度,如图 9-30 所示。等提示"解析摄像机"结束后,完成摄像机跟踪分析,在"合成"窗口的视频画面中出现大量的跟踪点,如图 9-31 所示。

图 9-27 "跟踪器"面板的设置 (2)

图 9-28 跟踪区域的设置 (1)

图 9-29 3D 摄像机跟踪

图 9-30 "效果控件"面板

图 9-31 视频画面中的跟踪点

📑 **提示**

除了单击"跟踪器"面板中的"跟踪摄像机"按钮之外,还可以通过选择视频文件并执行以下任意一个菜单命令,添加"3D 摄像机跟踪器"效果:①右击并在弹出的快捷菜单中选择"跟踪摄像机"命令;②选择"动画"→"跟踪摄像机"命令;③选择"效果"→"透视"→"3D 摄像机跟踪器"命令。

(2) 创建实底和摄像机:将时间线指示器移动到最后一帧,在需要添加图片或素材的位置选择 4 个跟踪点,此时会出现一个矩形框。右击,在弹出的快捷菜单中选

择"创建实底和摄像机"命令，从而创建一个摄像机和纯色图层，如图 9-32 ～图 9-34
所示。

图 9-32　选择跟踪点

图 9-33　创建实底和摄像机

图 9-34　创建实底和摄像机后的效果

（3）替换纯色图层的内容：在"项目"面板中选择想要添加到目标位置的图片，
按住 Alt 键，将它拖动到"时间轴"面板中的纯色图层上，从而替换纯色图层，并调整
它的缩放、方向、旋转等属性，如图 9-35 所示。

（4）细节调整：选择跟踪器上的图片，为其绘制一个蒙版并适当设置羽化值，使
它和原视频中的大屏幕更贴合，最终效果如图 9-36 所示。

图 9-35　替换纯色图层

图 9-36　最终效果（1）

📑 提示

既可以将纯色图层替换为图片,也可以替换为视频。在"项目"面板中选择想要添加到目标位置的视频文件,按住 Alt 键将它拖动到"时间轴"面板中的纯色图层上,就可以将纯色图层替换为视频文件。

使用 3D 摄像机跟踪功能也可以为视频画面添加文字,与添加图片的方法类似。摄像机跟踪结束后,在目标位置选择 3 个或 4 个跟踪点。右击,在弹出的快捷菜单中选择"创建文本和摄像机"命令,可以使用文本工具对文字内容进行修改,并调整文字的位置、旋转等属性,如图 9-37 和图 9-38 所示。

图 9-37　创建文本　　　　　　　　　图 9-38　修改文本内容

9.2.3　稳定跟踪

在前期拍摄中,由于摄像机晃动等原因,经常会造成画面抖动不稳的问题,此时便需要使用 After Effects CC 中提供的稳定跟踪来进行校正。稳定跟踪的原理与运动跟踪是相同的,但是只需要一个图层,通过跟踪画面中的一个特征点来使晃动的画面变稳定。

在"时间轴"面板中选择要跟踪的视频图层,单击"跟踪器"面板中的"稳定运动"按钮,即可对视频文件进行稳定跟踪。进行稳定跟踪的方法是:①设定一个跟踪区域,这个区域通常是树木、建筑等固定并且对比明显的区域;②对这个区域内的画面进行跟踪,记录这个区域的抖动情况;③根据跟踪到的数据进行平稳处理,消除抖动。稳定跟踪是利用图层本身增加的位移量弥补了不希望有的抖动,所以画面变得平稳了。

📑 提示

一般情况下,抖动不稳的画面除了位移的变化外,也会存在旋转方向的变化,所以除了要对其进行位置跟踪外,还需要同时对旋转进行跟踪,这样跟踪点就变成了两个,如图 9-39 和图 9-40 所示。

9.2.4　变形稳定器

After Effects CC 中的"变形稳定器"功能可以自动分析抖动的视频画面,然后对其进行稳定补偿。使用该功能对视频进行稳定处理的操作方法是:在"时间轴"面板中选择视频图层,单击"跟踪器"面板中的"变形稳定器"按钮;或者直接在视频图层上右击,在弹出的快捷菜单中选择"变形稳定器 VFX"命令,"合成"窗口的视频画面中将显示"在后台分析（第1步，共2步）"的提示，如图9-41所示。此时在"效果控件"面板中添加了一个"变形稳定器VFX"效果并提示分析的百分比进度，如图9-42所示。

图9-39　"跟踪器"面板的设置（3）

图9-40　跟踪区域的设置（2）

图9-41　"合成"窗口中的提示文字

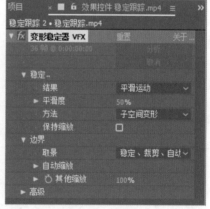

图9-42　添加"变形稳定器VFX"的效果

9.3　情境设计——"手机广告"

9.3.1　情境创设

手机是人们日常生活中不可缺少的重要工具，它除了使人们的生活更加便利之外，还是时尚与活力的象征。在本项目中，我们设计一个场景，提供素材文件，创作一个手机广告。

此广告主要的制作思路是：为了体现手机的时尚与活力的特点，将它放置在一个三维的空间内，设置相应的动画，并加上动感十足的视频画面。

手机广告画面效果如图 9-43 所示。

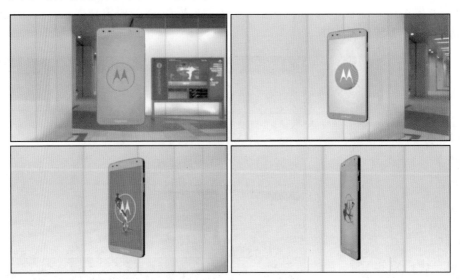

图 9-43　手机广告的效果

9.3.2　技术分析

（1）在 3ds Max 软件中制作一个手机模型，并为它设置材质、灯光、环境和动画，然后以序列帧的形式输出。

（2）在 After Effects CC 软件中利用四点跟踪为它添加视频，渲染输出。

9.3.3　项目实施

1．在 3ds Max 软件中进行手机建模与材质设置

启动 3ds Max 软件，利用 3ds Max 的几何体创建手机模型，如图 9-44 所示。

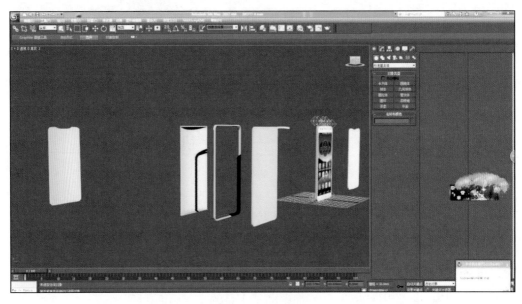

图 9-44　手机建模

模型做完后,给手机赋予材质,选择适当的贴图(使用 VRay),做出更逼真的效果,如图 9-45 所示。

图 9-45　材质设置

将材质赋给模型之后,调整角度,加入目标摄像机,固定摄像机的角度,以便于渲染输出,如图 9-46 所示。

图 9-46　添加摄像机

2．动画设置

给手机和摄像机分别设置关键帧，让手机动起来，如图 9-47 所示。

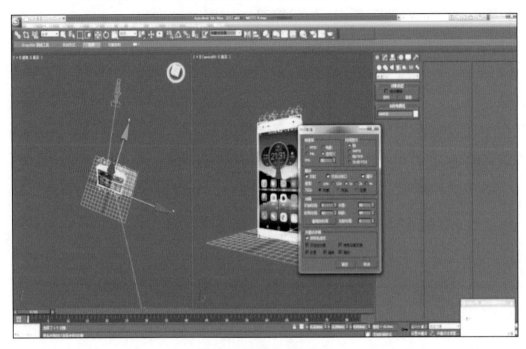

图 9-47　设置动画关键帧

3．环境设置

继续在贴图通道添加 HDRI 高清贴图，设置一个适合的环境，如图 9-48 所示。

图 9-48　环境设置

4．在 3ds Max 中渲染输出序列帧

设置完渲染参数后，设置分辨率和文件存放的位置，渲染输出序列帧。

📑 提示

如果读者没有 3ds Max 软件，可以跳过以上步骤，使用本书配套资料里提供的序列帧图片即可。

5．在 After Effects CC 中新建"合成"

启动 After Effects CC 软件，在"项目"面板中双击，将"手机"文件夹中的图片以序列帧的形式导入，然后将其拖动到"新建合成"按钮上，新建一个"合成"。导入视频文件"开机视频 .avi"，将其拖动到"时间轴"面板中。

6．在 After Effects 中进行四点跟踪

（1）选择"窗口"→"跟踪器"命令，弹出"跟踪器"面板。

（2）选择"手机"图层，将时间线指示器移动到第 0 :00 :00 :00 帧，单击"跟踪器"面板中的"跟踪运动"按钮，面板处于激活状态，将"跟踪类型"设置为"透视边角定位"，如图 9-49 所示，此时在"图层"窗口中出现 4 个跟踪点，如图 9-50 所示。

图 9-49　"跟踪器"面板

图 9-50　"图层"窗口中的效果

（3）将 4 个跟踪点分别移动到手机屏幕的 4 个角上，如图 9-51 所示。在"跟踪器"面板中单击"向前分析"按钮▶进行分析。分析结束后，在"图层"窗口中会出现相应的关键帧，如图 9-52 所示。

（4）单击"跟踪器"面板中的"应用"按钮，此时效果如图 9-53 所示，手机桌面原来的画面被开机视频文件代替，"开机视频 .avi"文件下面添加了一个"边角定位"特效，而且"边角定位"特效和"位置"属性都自动添加了一系列关键帧。最终"合成"窗口的效果如图 9-54 所示。

图 9-51　调整跟踪点　　　　　　　　　图 9-52　分析后的效果

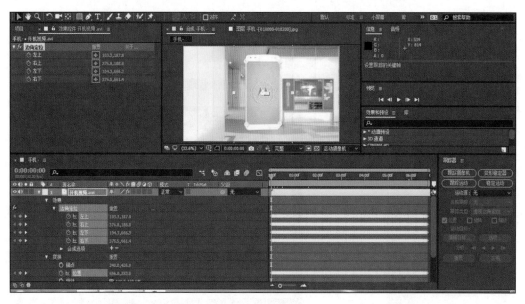

图 9-53　应用跟踪

图 9-54　"合成"窗口中的效果

9.3.4 项目评价

本项目设立情境,以手机广告为出发点,综合利用 3ds Max 和 After Effects CC 两个软件制作一个手机模型,并将其放置在一个三维空间内,设置手机动画,然后跟踪上一个视频画面,培养读者灵活运用运动跟踪的能力。将运动跟踪的知识点巧妙地融合在一个具体的实例当中,既具有一定的现实意义,又能锻炼读者的创新能力。

9.4 拓展微课堂——mocha

mocha 是一款独立的 2D 跟踪软件,使用它对视频进行跟踪处理可以得到更理想、更精确的结果。mocha 不采用跟踪点,而是对二维平面进行跟踪,所以不需要准确地设置跟踪点就能实现完美跟踪。在 After Effects CC 中,在"时间轴"面板中选择需要跟踪的视频,直接选择"动画"→"在 mocha AE CC 中跟踪"命令,即可打开 mocha AE CC 界面,如图 9-55 所示。

下面来看一下 mocha 的基本操作。

1. 新建"合成"

运行 After Effects CC 软件,在"项目"面板中双击,导入素材"桌面 .mp4",将该视频素材拖动到"新建合成"按钮上,从而新建一个"合成"。

2. 启动 mocha

在"时间轴"面板中选择"桌面 .mp4"图层,选择"动画"→"在 mocha AE CC 中跟踪"命令,启动 mocha AE CC 界面,如图 9-55 所示,在 New Preject 面板中修改工程名称和帧速率,然后单击 OK 按钮。

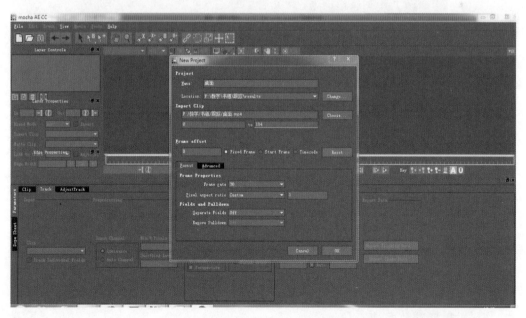

图 9-55　mocha AE CC 界面

3. 绘制跟踪区域并进行解算跟踪

在主菜单中单击 Create X-Spline Layer Tool（绘制 X 曲线图层工具）按钮，绘制出需要跟踪的区域，如图 9-56 所示。

图 9-56　绘制跟踪区域

单击 Show planar surface（显示表面）按钮，显示需要添加视频的位置和形状，如图 9-57 所示。

图 9-57　确定目标位置

单击 Show planar grid（显示平面网格）按钮，调整透视关系，如图 9-58 所示，然后单击"向前分析"按钮，开始进行计算。

4. 复制跟踪数据

预览跟踪效果无误后，单击"输出跟踪数据"按钮，进行数据输出。在图 9-59 所示的面板中单击"复制到剪切板"按钮，将数据复制到剪切板上。

5. 粘贴跟踪数据

回到 After Effects CC 界面，导入一段风景视频，并将其拖动到"时间轴"面板中。

选择该视频,按 Ctrl+V 组合键,将在 mocha 中复制到剪切板上的数据粘贴到该段视频文件中,跟踪结果如图 9-60 所示,至此完成整个跟踪过程。

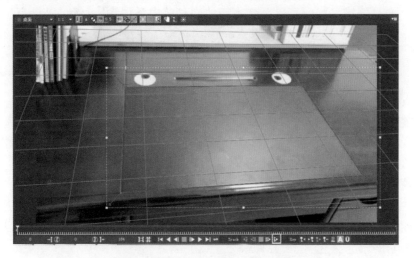

图 9-58　调整透视关系并解算跟踪

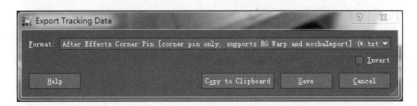

图 9-59　复制数据

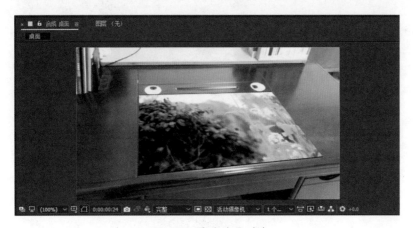

图 9-60　最终效果 (2)

9.5　模块小结

本模块主要讲述影视后期制作中的运动跟踪与稳定的操作方法。跟踪可以将画面上运动的物体或它的一部分替换为另一个物体,并让这个物体与原素材运动完全吻合;稳定可以让抖动的画面变得平稳。通过"流动光效"案例,读者可以熟悉跟踪面板的操作,以及单点跟踪的应用;知识图谱环节系统地讲述了运动跟踪和稳定跟踪的原理及操作方法;通过情境设计"手机广告",使读者熟练掌握四点跟踪的应用。

同时,通过扫描二维码可以观看本模块完整的教学视频,读者可以自主学习。

9.6 模 块 测 试

一、填空题

1．在使用运动跟踪时,要求跟踪目标图层要有_____。

2．After Effects CC 的运动跟踪中,"透视边角定位"属于_____点跟踪。

3．在 After Effects CC 中进行运动跟踪时,需要有_____个图层。

4．在 After Effects CC 中进行稳定跟踪时,需要有_____个图层。

5．在 After Effects CC 中进行运动跟踪前,首先需要定义一个跟踪范围,跟踪范围由两个方框和一个十字线构成。根据跟踪类型的不同,跟踪范围框数目也不同,可以进行单点跟踪、_____、三点跟踪、_____。

二、实训题

创作跟踪实例"创意短片"。

创作思路:根据本模块所学知识自选主题,拍摄一段视频并为其跟踪一张图片或一段视频,制作一段创意短片。

创作要求:①根据自己的创作思路拍摄一段视频;②视频中要有明确的运动物体,而且跟踪对象的颜色要和周围环境有明显区别,以便于后期跟踪;③选择合适的图片或视频,将其跟踪到前期拍摄的视频中;④短片构思新颖,主题明确。

模块10 经典综合案例——"长征"

专题片是对现在或过去发生的事情的纪实,对社会生活的某一领域或某一方面给予集中的、深入的报道,内容较为专一,形式多样,允许采用多种艺术手段表现社会生活,允许创作者直接阐明观点。它是介于新闻和电视艺术之间的一种电视文化形态,既要有新闻的真实性,又要具备艺术的审美性。本模块将会结合多个软件综合运用后期制作技术制作一个专题片。

🕐 **关键词**

关键帧色调声画对位

🕐 **任务与目标**

综合运用 Photoshop、After Effects CC、Premiere Pro 等软件制作以红军长征为主题的专题片。

🕐 **二维码扫描**

可扫描以下二维码观看本模块教学视频。

长征

10.1 案 例 描 述

本案例主要包含片头、片中、片尾制作。案例中提供短片中的视频、照片素材和配音、背景音乐,要求制作出一个短视频介绍长征概况,如图 10-1 ~ 图 10-3 所示。

图 10-1 "长征"片头主要镜头

图　10-1（续）

图 10-2　"长征"片中主要镜头

图 10-3　"长征"片尾主要镜头

10.2　案　例　分　析

本案例需要综合运用 After Effects CC 和 Premiere Pro 两个软件来制作,主要包括以下几个部分。

(1) 片头部分:片头是以毛泽东诗词《七律·长征》为配音词,根据诗词大意运用视频素材,并添加字幕特效和光效,最后使用毛泽东书法字"长征"作为定格文字,突出主题。

(2) 片中部分:根据配音词,声画对位声音和视频画面,以及适当的背景音乐,做到主题鲜明、情节完整、气势恢宏,弘扬伟大的长征精神。

(3) 片尾部分:通过片尾,反映本短片幕后工作人员或制作人员、相关成员、机构或人士等,也反映本片的基调。

本案例运用 After Effects CC 来制作片头,运用 Premiere Pro 进行影片剪辑、调色、声画对位,运用 After Effects CC 和 Premiere Pro 两个软件来进行片尾合成和字幕添加。

10.3　案　例　实　施

1. 片头制作

七律·长征

毛泽东

红军不怕远征难,万水千山只等闲。

五岭逶迤腾细浪,乌蒙磅礴走泥丸。

金沙水拍云崖暖,大渡桥横铁索寒。

更喜岷山千里雪,三军过后尽开颜。

📑 提示

两万五千里长征是中华优秀儿女在中国共产党领导下完成的一次英雄壮举,而毛泽东的《七律·长征》这首波澜壮阔的革命史诗就是对这个伟大的历史奇迹的高度概括,是长征的颂歌。

(1) 运行 Premiere Pro 软件,选择"文件"→"新建"→"项目"命令,新建项目,名称命名为"长征"。单击位置选项右侧的"浏览"按钮,选择文件保存的文件夹位置,其余选项为默认值,单击"确定"按钮,如图 10-4 所示。

(2) 在"项目"面板中单击新建素材箱按钮■,修改名称为"视频素材"。双击打开素材箱,在灰色区域内选择"文件"→"导入"命令,选择需要的视频文件并将其导入素材箱中。

(3) 再次单击新建素材箱按钮■,修改名称为"音频素材"。双击打开该素材箱,选择需要的音频文件并导入素材箱中。

(4) 选择"文件"→"新建"→"序列"命令,将序列命名为"片头"。设置其他选项如下:"编辑模式"为"自定义","尺寸"为 1280×720 像素,"像素长宽比"为"方形像素 (1.0)","场"为"无场 (逐行扫描)","显示格式"为"25fps 时间码",

"声道格式"为"立体声","采样率"为48000Hz,"显示格式"为"音频采样",如图10-5所示。

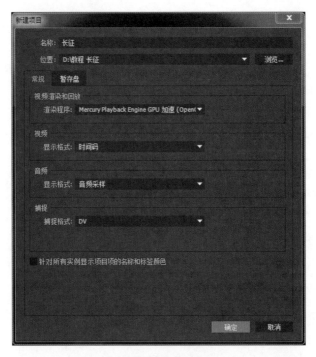

图 10-4　新建项目

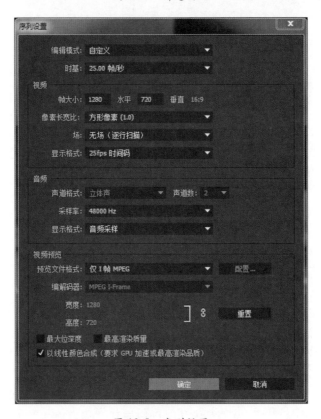

图 10-5　序列设置

（5）选择音频文件"解说词配音.wav"，拖动到片头音频时间轴 A1 上，修剪该音频文件，选择工具栏中剃刀工具，或者按 C 键，在第 00：00：06：15 帧处剪开，删掉前部音频，如图 10-6 所示。

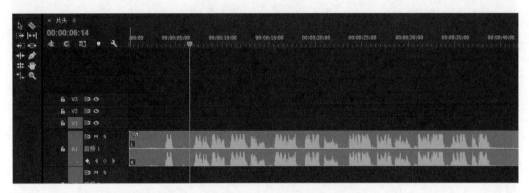

图 10-6　使用剃刀工具删除部分音频

（6）将剩余音频素材拖动到时间轴开始处，或者右击音频线前部空白处波纹并将其删除，将音频素材移动到初始点，如图 10-7 所示。

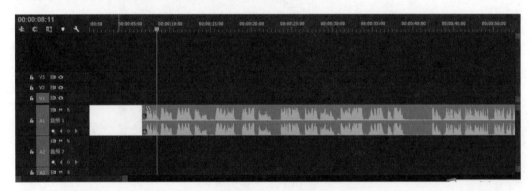

图 10-7　配音剪辑

（7）同样用剃刀工具适当剪辑掉配音文件中的配音间隔空隙，整体时间长度控制在 28 ～ 29 秒，给片头定格字幕时间预留 1.5 ～ 2 秒，如图 10-8 所示。

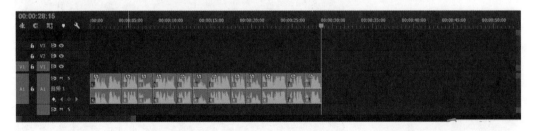

图 10-8　配音调整

（8）选择音频文件"片头音乐 1.mp3"，拖动到音频时间轴 A2 上，选择缩放工具，放大、缩小音频时间轴或者按"＋"或"－"键放大、缩小音频时间轴，剪掉前部声音空白区域，然后当鼠标光标移动到音频波形的中间线时，光标会变成带上下图标的形状，这时按下鼠标左键提高或者降低该音频的音量，将"片头音乐 1.mp3"音量适当降低,选中音频时间轴并按空格键播放音频,监听音频和配音的高低比例是否合适,如图10-9所示。

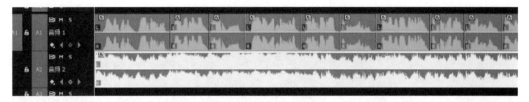

图 10-9 添加背景音乐

(9) 音频调节合适后,接下来根据音频来调整视频,在"项目"面板中查找到旗帜素材文件"过雪山草地 .mp4",双击查看。在旗帜素材第 0 :00 :00 :01 帧位置处选择标记入点按钮█,将入点设置为当前时间;结束位置处选择标记出点按钮█,将出点设置为当前时间;在"时间轴"面板中选择"片头"第 0 :00 :00 :01 帧位置,然后选择覆盖按钮█覆盖到时间轴上,如图10-10所示。

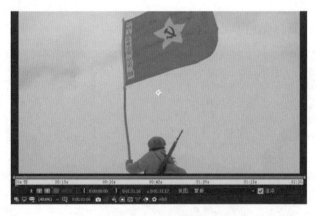

图 10-10 素材选择

(10) 选择旗帜素材,将旗帜下移到合适位置,缩放图像比例,使构图舒适自然,如图 10-11 所示。

图 10-11 素材调整

(11) 根据配音《七律·长征》的诗词意思,结合音频时间轴各语句的时间长短,在视频素材中挑选素材并拖动到时间轴上，在此处注意声画对位，如图10-12所示。

图 10-12　声画对位

💡 **提示**

将找到的视频素材拖动到想要放置的时间轴位置时，鼠标可以随意拖动。但是在用覆盖按钮📥覆盖时，需要将时间轴的时间位置拖动到想要插入的位置，如果时间轴上有素材且按覆盖按钮📥时，会将时间轴上的图像覆盖。

（12）同样的道理，找到片头定格的背景图像"新中国抗战视频.mp4"，找到需要的图像素材，拖动到"时间轴"面板定格位置。

（13）保存文件。打开 After Effects CC 软件，选择"文件"→"导入"→"导入Adobe Premiere Pro 项目"，选择"长征.prproj"文件保存的目录，并选择该文件导入，如图10-13所示。

图 10-13　序列导入

（14）如果该 Premiere Pro 项目中有多个序列时，选择需要导入的序列，将"片头"

序列导入 After Effects CC 中进行特效添加,并保存文件"片头.aep",如图 10-14 所示。

(15)双击"片头"合成文件,打开该文件。在"时间轴"面板的空白区域右击并选择"新建"→"文本"命令,输入文字"红军不怕远征难",调整字体和文字大小、颜色、边框、间距等,并拖动到画框的左下角,如图 10-15 所示。

图 10-14 "Premiere Pro 导入器"
对话框

图 10-15 添加字幕

(16)时间轴预览。查看配音"红军不怕远征难"的时间轴长度,并调节文字"红军不怕远征难"的时间轴长度,在配音"红军不怕远征难"的结尾处选择文字"红军不怕远征难"图层,按 Ctrl+Shift+D 组合键或选择"编辑"→"拆分图层"命令,删除拆分后多余的文字图层,如图 10-16 所示。

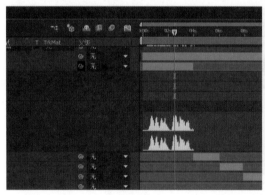

图 10-16 图层拆分

(17)选择文字"红军不怕远征难"图层,添加文字进入效果。选择"动画"→"将动画预设应用于"命令,选择"子弹头列车"效果,也可以选择自己认为适合的动画效果,如图 10-17 所示。

(18)再用相同的方法添加文字出画的效果,这里要注意关键帧的位置,如图 10-18 所示。

(19)在"项目"面板空白区域双击导入文件"光效.png",将"光效.png"拖动到"时间轴"面板中,将"光效.png"图层放置于文字下层。同样使用拆分效果,将光效图层时间长度与文字图层时间长度一致,在该图层模式中选择"相加"模式,使"光效.png"与下面图层图像合成。调整光效的位置和大小,将光效放置于文字下部,给光效做运动关键帧,使光效由左至右运动,并在开始和结束位置做淡入淡出,如图 10-19 所示。

图 10-17 字幕进入效果

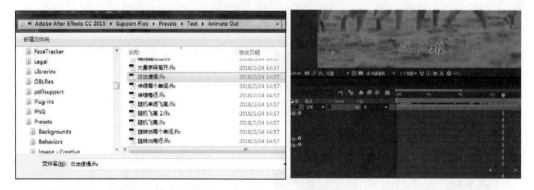

图 10-18 字幕出画效果

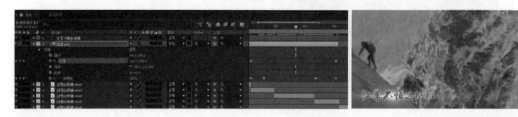

图 10-19 光效调整

（20）用同样的方法给剩余的图像分别做出"万水千山只等闲"等字幕和效果。或者同时选择"文字"图层和光效图层，按 Ctrl+D 组合键重复这两个图层，然后修改文字内容，根据不同的配音长度做出细微调整，如图 10-20 所示。

图 10-20　效果复制

（21）在"项目"面板空白区域双击导入文件"红绸视频素材 .mov"，因为"红绸视频素材 .mov"带 Alpha 通道，这样就可以直接通过通道达到抠出黑色背景的目的。下移调节红绸的位置到屏幕底部，用红绸衬托画面和字幕。将开始的红旗视频和结尾的星火燎原视频图层上的红绸视频去掉，如图 10-21 所示。

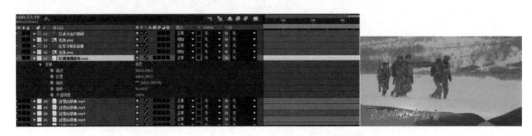

图 10-21　红绸叠加

（22）在"项目"面板空白区域双击导入文件"字 .psd"，将该文件拖动到"时间轴"面板最上层，按 Ctrl+D 组合键重复该层，选择该图层下面的图层添加模糊效果，选择该层上面的图层并添加效果"四色渐变"，如图 10-22 所示。

图 10-22　书法字

（23）选择"长征"两个字的图层，按 Ctrl+Shift+C 组合键，预合成"定格字"图层，如图 10-23 所示。

（24）将"定格字"图层移动到"时间轴"面板结尾处，定格位置。给"定格字"图层做放大效果，使该图层缩放为 0 ~ 100，时间为 1 秒左右。然后给文字做出走光效果，双击打开该图层预合成，复制上层文字图层，给该图层做色阶或者亮度效果，提高该图层亮度。在第 0 :00 :01 :00 帧位置做矩形工具蒙版，然后选择"选取工具"选取矩形上边缘线或下边缘线做倾斜，在第 0 :00 :01 :00 帧将矩形蒙版左移出画面，给蒙版路径添加关键帧；在

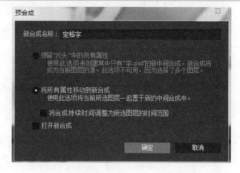

图 10-23　预合成

第 0 :00 :02 :00 帧将形蒙版右移出画面，并添加蒙版路径关键帧，如图 10-24 所示。

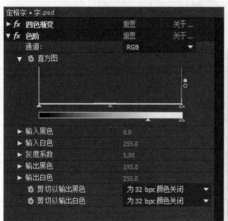

图 10-24　字幕走光效果

（25）至此，片头完成，按 Enter 键预览整个片头，按 Ctrl+M 组合键渲染该片头。

2．片中制作

📑 **提示**

专题片永远是内容决定形式，主题信息决定风格结构。

专题片是由一系列的镜头画面按照一定的排列次序组接起来的。这些镜头画面的发展和变化要服从一定的规律，使观众能从影片中看出它们融合为一个完整的统一体。主要有以下几点规律。

（1）专题片要表达的主题与中心思想一定要明确。

（2）注意景别的变化。

（3）画面组接中的拍摄方向、轴线规律。避免有"跳轴"现象。

（4）画面组接要遵循"动从动""静接静"的规律。

（5）画面组接的时间长度控制。

（6）画面的色调统一。

（7）画面组接节奏。

（8）画面的切换方法。

（1）运行 Premiere Pro 软件，打开"长征"项目，单击"确定"按钮。在"项目"面板中单击"新建素材箱"按钮，修改素材箱名称为"片中素材"。双击打开该素材箱，在灰色区域选择"文件"→"导入"命令，选择需要的视频文件和图片文件导入到素材箱中。

（2）选择"文件"→"新建"→"序列"命令新建序列，将其命名为"片中"；编辑模式为"自定义"，尺寸为 1280×720 像素，长宽比为"方形像素（1.0）"，场为"无场（逐行扫描）"，显示格式为"25fps 时间码"，声道格式为"立体声"，采样率为 48000Hz，显示格式为"音频采样"。双击打开该序列进行设置，如图 10-25 所示。

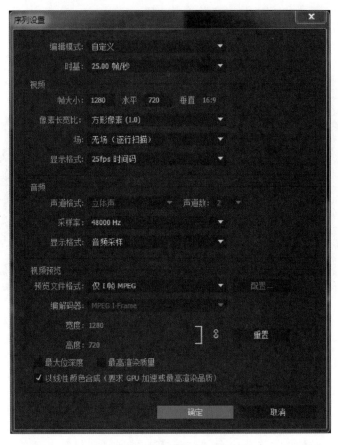

图 10-25 "序列设置"对话框

（3）双击打开"片头"教程中名称为"音频素材"的素材箱。选择音频文件"解说词配音 .wav"，拖动到片中音频时间轴 A1 上的开始位置，再修剪该音频文件；选择工具栏中的剃刀工具或者按 C 键，在第 00 :00 :41 :00 帧处剪开，删掉前部音频，选择剩余音频文件并移动到音频时间轴开始位置，再将后补音频文件整体前移，如图 10-26 所示。

（4）同样修剪掉音频结尾处多余的配音，如图 10-27 所示。

（5）下面就要进入画面剪辑阶段，画面的剪辑一般情况下经过以下几个步骤，即：整理素材 → 粗剪 → 精剪 → 成片。

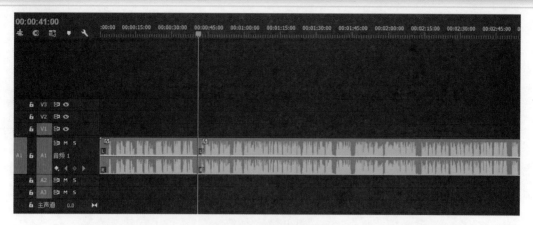

图 10-26　音频剪辑 (1)

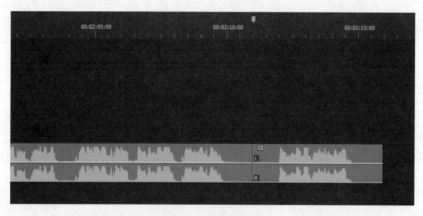

图 10-27　音频剪辑 (2)

（6）接下来将素材分别导入 Premiere Pro 中，视频素材、音频素材和图片素材分别导入各自的目录中，这样有利于素材的查找和管理。然后将所有素材分别预览一遍，根据本片的总体要求将素材进行标注，如图 10-28 所示。

图 10-28　素材整理分类

（7）下面进行粗剪。在剪辑过程中，将镜头画面依据配音内容大概的先后顺序加以接合剪辑出影片初样。在此过程中可以多准备镜头素材，以备在精剪过程中选用，如图 10-29 所示。

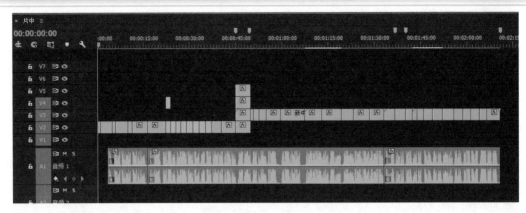

图 10-29　粗剪

（8）粗剪完成后，就可以进入精剪了。精剪是在粗剪的基础上进行的，从保证视频镜头流畅，到镜头的修整、调色、声音、背景音乐、文字等一系列处理来提高视频质量。

（9）本案例前一小段讲述事件的起因。剪辑时可以在配音进入前几秒加入效果音效和背景音乐加以衬托，如图 10-30 所示。

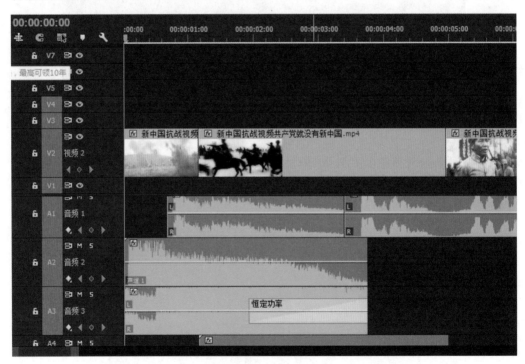

图 10-30　音效添加

（10）本案例中使用到部分图片素材，可以应用图片缩放、平移等效果使图片产生动感，不至于太死板，如图 10-31 所示。

（11）在配音中，一些数据或者量化的关键词可以采用图表或者字幕等形式加以突出。如在时间轴第 0∶00∶45∶00 帧，配音词"纵横十余省，长驱两万五千里"可以采用地图形式。打开 Photoshop 软件，打开素材"长征地图.jpg"，首先将红色箭头和紫色箭头从图片中提取出来并分别建立单独的图层,如图 10-32 所示。具体过程不再细述。

图 10-31　图片处理

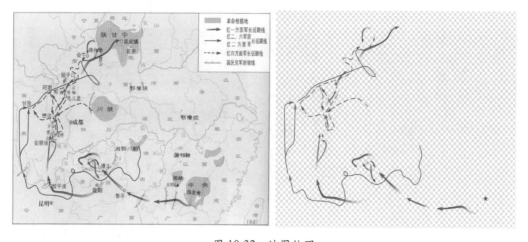

图 10-32　地图处理

(12)接下来将五角星单独提取并建立单独图层,保存 Photoshop 文件名为"长征地图 .psd",如图 10-33 所示。

(13)打开 After Effects CC 软件,导入文件"长征地图 .psd","导入种类"选择"合成","图层选项"中选择"可编辑的图层样式",如图 10-34 所示。

(14)选择背景图层,将不透明度设置为 50%,如图 10-35 所示。

(15)给背景图层添加饱和度效果,将饱和度降低,如图 10-36 所示。

图 10-33 分层文件

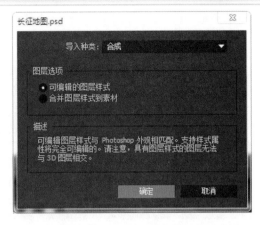

图 10-34 导入 .psd 格式文件

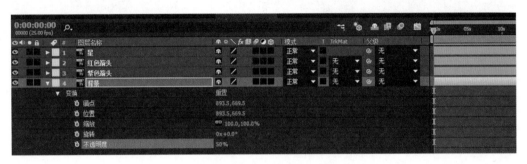

图 10-35 不透明度调节

图 10-36 饱和度效果

（16）分别对"红色箭头""紫色箭头"图层做蒙版路径,使箭头由出发方向至结束方向做蒙版遮挡,产生运动效果,如图 10-37 所示。

（17）根据 Premiere Pro 软件时间轴中对应配音词的长度,在 After Effects CC 时间轴中制作时间长度同样的运动关键帧,然后渲染。在渲染主要选项中,"格式"选择 QuickTime 格式,"视频输出"中通道选择 RGB+Alpha,其余选项为默认值,如图 10-38 所示。

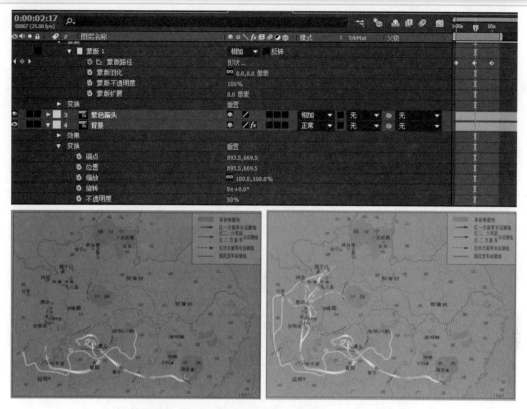

图 10-37　蒙版效果

图 10-38　输出设置

提示

Alpha通道是计算机图形学中的术语,是指特别的通道,意思是"非彩色"通道,主要用来保存选区和编辑选区。Alpha通道是一个灰度通道,该通道用灰度来记录图像中的透明度信息,定义透明、不透明和半透明区域,其中黑色表示透明,白色表示不透明,灰色表示半透明。

在本案例的文件格式选项中,只有选择可以保存通道信息的文件格式时(如tga、png、tiff等),才会在渲染时输出带有通道的QuickTime格式文件。否则,该选项为灰色,不能使用。

我们举例说明一下Alpha通道的用途。打开Photoshop软件,随意打开一幅图片,选择"通道"面板,可以看到有RGB、红、绿、蓝四个通道,这个文件导入After Effects CC、Premiere Pro时间轴上时是不透明的,我们建立一个Alpha通道(图10-39)并加一个黑白过渡色,再保存文件为tga、psd格式。这个文件导入到After Effects CC、Premiere Pro时间轴上时,就会看到是过渡透明的文件了。

图10-39 建立Alpha通道

(18)将渲染完成的文件导入Premiere Pro时间轴上,会看到背景图层是半透明的,箭头图层是不透明的,我们缩放该文件并做位置上的运动,如图10-40所示。

图10-40 通道应用

(19)图像的开始可以用黑色渐变进入,结尾再渐变成黑色,画面精剪完成后,根据配音和剪辑的节奏给本案例配上合适的背景音乐,如图10-41所示。

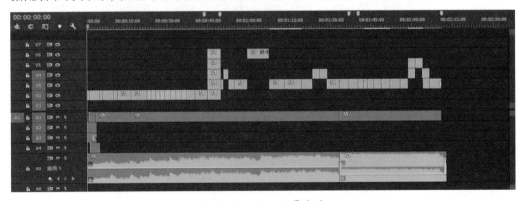

图10-41 添加背景音乐

3．片尾制作

（1）运行 After Effects CC 软件，新建合成"片尾"，保存项目"片尾 .aep"。双击"项目"面板空白区域，导入文件"飘动的党旗 .mp4"，将旗帜素材文件拖动到"片尾"时间轴上，调节比例大小，如图 10-42 所示。

图 10-42　素材调整

（2）在"时间轴"面板空白区域右击，选择"新建"→"纯色"图层，在"纯色"图层上右击并选择"效果"→"生成"→"梯度渐变"命令，如图 10-43 所示。

图 10-43　渐变效果

（3）将该图层移动到旗帜图层下层，选择旗帜图层，做矩形蒙版，调节蒙版羽化值，如图 10-44 所示。

图 10-44　调节蒙版羽化值

（4）保存项目，渲染。运行 Premiere Pro 软件，打开文件"长征"，双击"项目"面板空白区域，将渲染后文件"片尾背景 .mov"导入 Premiere Pro 中。新建

1280×720像素文件,将片尾背景拖动到该项目中。

选择"字幕"→"新建字幕"→"默认滚动字幕"命令,创建滚动字幕。输入文字,拖动滚动字幕在时间轴上的长度,可以控制字幕的滚动速度,如图10-45所示。

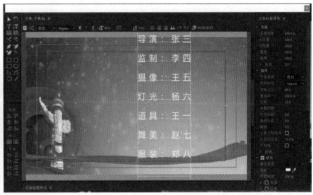

图10-45　滚动字幕

（5）在滚动字幕结束时,预留 5 ～ 10 秒的时间添加主办单位字幕,选择"字幕"→"新建字幕"→"默认静态字幕"命令,创建静态字幕,内容如图10-46所示。片尾部分制作结束。

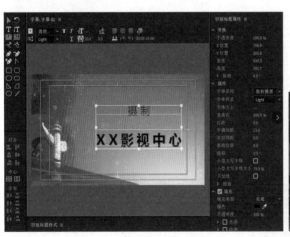

图10-46　静态字幕

4."总合成"的制作

接下来进入本案例的收尾阶段"总合成"。运行 Premiere Pro 软件,新建序列文件,分别将片头、片中、片尾导入序列时间轴上,调整图像及配音、背景音乐大小,预览无误后渲染输出,如图10-47所示。

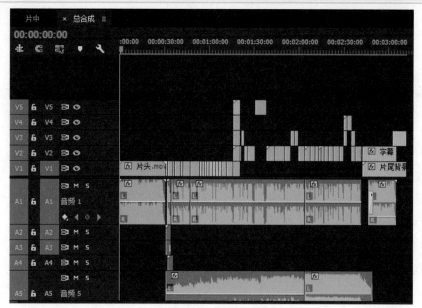

图 10-47　总合成

10.4　模块小结

本模块讲述了影视后期综合案例的制作,主要任务是制作一个以历史事件"长征"为主题的短片,需要综合运用 After Effects CC、Premiere Pro 等软件,重点考查学生的短片整体风格把控、短片节奏和声画对位能力。

同时,通过扫描二维码可以观看本模块完整的教学视频,学生可以进行自主学习。

模块11 经典综合案例——MG动画 "环球之旅"

随着移动互联网的发展，MG动画以其扁平化风格、鲜明的色彩、明快的节奏，越来越受到大众的青睐。本模块将会结合 Photoshop 软件的抠图技术和 After Effects CC 软件的关键帧技术制作一个简单的 MG 动画。

◉ 关键词
关键帧　序列图层　关键帧辅助

◉ 任务与目标
综合运用 Photoshop 软件的抠图技术和 After Effects CC 软件的关键帧技术制作一个以旅游为主题的 MG 动画。

◉ 二维码扫描
可扫描以下二维码观看本模块教学视频。

环球之旅

11.1 案例描述

本案例是一个以旅游为主题的 MG 动画，包含 10 个镜头，以动画的形式介绍了英国、法国等几个旅游热门国家，以及北京市的著名景点和标志性建筑，如图 11-1 所示。

图 11-1 "环球之旅" 主要镜头

图　11-1（续）

11.2　案 例 分 析

本案例需要综合运用 Photoshop 和 After Effects CC 两个软件来制作，主要包括以下几个步骤。

（1）在 Photoshop 软件中制作素材图片，每个镜头为一个单独的 Photoshop 文件，各个元素均为单独的图层。

（2）在 After Effects 软件中制作关键帧动画。

（3）将各个镜头组合为一个总合成，通过 Sweet 脚本为它们添加转场效果。

11.3　案 例 实 施

在 Photoshop 中制作素材图片，保存为 psd 格式。抠图一定要仔细，尽量不要留边，小的原件要一个一个地分离图层，以便于在 After Effects CC 中制作动画。

1．镜头 1 制作

1）新建“合成”

（1）运行 After Effects CC 软件，在“项目”面板中双击，导入素材文件“镜头 1.psd”，将“导入种类”设置为“合成 - 保持图层大小”，如图 11-2 所示。

（2）双击“项目”面板中的合成“镜头 1”并将其打开，按 Ctrl+K 组合键打开“合成设置”面板，将“持续时间”设置为 0 :00 :08 :00，即8 秒，如图 11-3 所示。

2）文字缩放动画的制作

（1）在“时间轴”面板中选择“旅行”图层，在第 0 :00 :01 :10 帧设置“缩放”的值为 0，并添

图 11-2　设置文件导入种类

加关键帧，然后在第 0 :00 :01 :20 帧修改“缩放”的值为 100%，制作文字缩放动画。

（2）选择“窗口”→ Motion2.jsxbin 命令，调出 Motion 2 面板。

（3）框选“旅行”图层的缩放关键帧，在 Motion 2 面板中单击 EXCITE，为文字动画添加弹跳效果，如图 11-4 所示。

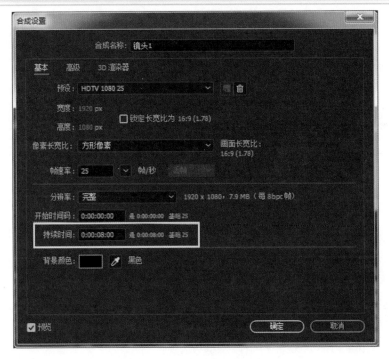

图 11-3　设置合成的持续时间

(4) 在"效果控件"面板中调整参数,增强弹跳效果,如图 11-5 所示。

图 11-4　添加 EXCITE 弹跳效果

图 11-5　修改参数

📑 提示

Motion 2 是一款快速制作 MG 动画的脚本,可以制作弹跳、反弹、爆炸、拖尾等 MG 常见特效。在使用之前,需要先将该脚本装到 After Effects CC 安装路径的 scripts 文件夹。选择"编辑"→"首选项"→"常规"命令,在弹出的面板中选中"允许脚本写入文件和访问网络"选项,如图 11-6 所示。

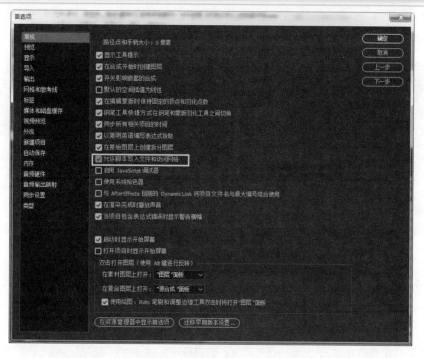

图 11-6　选中"允许脚本写入文件和访问网络"选项

3）其他图层缩放动画的制作

（1）按住 Ctrl 键同时选中"旅行"图层的"效果"和"缩放"属性，按 Ctrl+C 组合键复制；选择"圆圈"图层，将时间线指示器移动到第 0 :00 :02 :14 帧，按 Ctrl+V 组合键粘贴，从而将"旅行"图层的缩放关键帧和 Motion 2 脚本复制给"圆圈"图层，使"圆圈"图层具有同样的缩放弹跳动画，如图 11-7 所示。

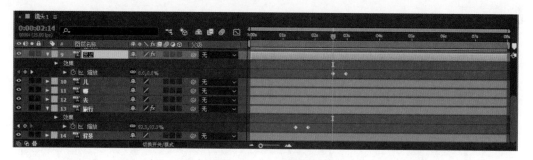

图 11-7　复制关键帧

（2）同时选择"咖啡杯""自行车""脚印""猫咪""雪人"图层，将时间线指示器移动到第 0 :00 :04 :08 帧，按 Ctrl+V 组合键将"旅行"图层的缩放关键帧和 Motion 2 脚本同时复制给这 5 个图层。

最终的关键帧分布如图 11-8 所示。

4）文字旋转动画制作

（1）选择"去"图层，将时间线指示器移动到第 0 :00 :03 :12 帧，修改"缩放"的值为 0，并添加关键帧；在第 0 :00 :03 :18 帧修改"缩放"的值为 100%，制作"去"的缩放动画；在第 0 :00 :03 :12 帧修改"旋转"的值为 15°，并添加关键帧；在第0:00:04:05帧、第0:00:04:23帧、第0:00:05:13帧、第0:00:06:00帧分别修改"旋转"的值为-20°、12°、-12°、0°,制作"去"的旋转动画。

图11-8　为多个图层复制关键帧

(2)选择第1个关键帧,按Ctrl+Shift+F9组合键;选择最后一个帧,按Shift+F9组合键;框选中间的关键帧,按F9键,使其产生平滑自然的动画效果,关键帧设置如图11-9所示。

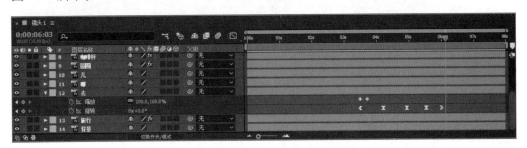

图11-9　设置关键帧

(3)框选"去"图层的"缩放"和"旋转"关键帧,按Ctrl+C组合键复制;选择"哪"图层,将时间线指示器移动到第0:00:04:07帧,按Ctrl+V组合键粘贴;选择"儿"图层,将时间线指示器移动到第0:00:05:02帧,按Ctrl+V组合键粘贴;将"去"图层的关键帧复制给这两个图层,按U键显示这两个图层的关键帧,如图11-10所示。

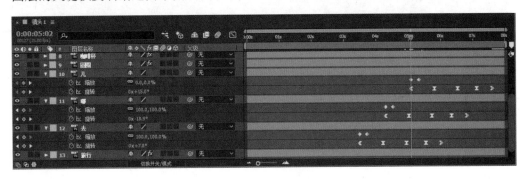

图11-10　复制关键帧(1)

5)位移动画制作

(1)选择"云朵"图层,将时间线指示器移动到第0:00:05:10帧,设置"位置"

的值为"841.5，280.0"，"缩放"的值为0，并为它们添加关键帧；将时间线指示器移动到第0：00：05：20帧，修改"缩放"的值为100；将时间线指示器移动到第0：00：07：10帧，修改"位置"的值为"1280.0，280.0"。

（2）选择"飞机"图层，将时间线指示器移动到第0：00：05：10帧，设置"位置"的值为"1092.5，311.5"，"缩放"的值为0，并为它们添加关键帧；将时间线指示器移动到第0：00：05：20帧，修改"缩放"的值为100%；将时间线指示器移动到第0：00：07：10帧，修改"位置"的值为"1195.0，870.0"。

使用"选取"工具在合成窗口中对飞机的运动路径进行调整，将其调整为曲线形状，如图11-11所示。

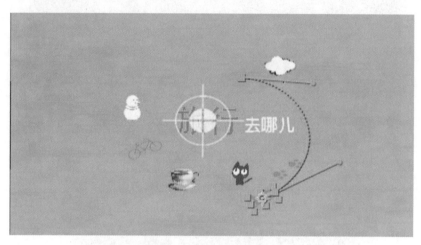

图11-11　调整飞机的运动路径

选择"飞机"图层，选择"图层"→"变换"→"自动定向"命令，在弹出的"自动定向"对话框中将"自动方向"设置为"沿路径方向"，如图11-12所示。

"镜头1"的动画效果制作完成。

2．镜头2制作

1）新建合成

（1）在"项目"面板中双击，导入素材文件"镜头2.psd"，将"导入种类"设置为"合成-保持图层大小"。

图11-12　设置自动定向

（2）双击"项目"面板中的合成"镜头2"将其打开，按Ctrl+K组合键打开"合成设置"面板，将"持续时间"设置为0：00：07：00，即7秒，如图11-13所示。

2）马路动画

（1）按Ctrl+Y组合键新建一个纯色图层，"颜色"设置为白色，其他参数保持默认值，如图11-14所示。

（2）使用钢笔工具为纯色图层绘制一个蒙版，蒙版的形状和下一图层中的马路相同，如图11-15所示。

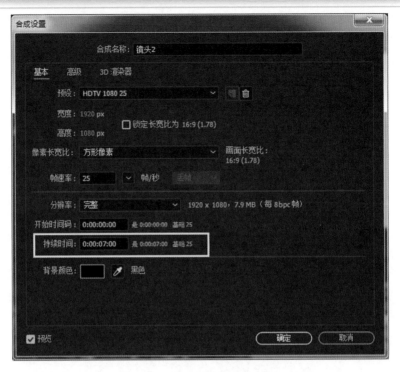

图 11-13　设置合成的持续时间

图 11-14　新建纯色图层

📑 **提示**

为了使路径的形状和下面的马路形状一致，绘制路径的时候可以暂时把纯色图层的透明度调低，绘制完成之后再将纯色图层的透明度调回100。

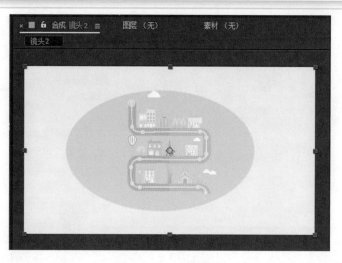

图 11-15   绘制蒙版

（3）选择纯色图层,选择"效果"→"生成"→"描边"命令,将"画笔大小"修改为50.0,"绘画样式"为"在透明背景上"。将时间线指示器移动到第 0 :00 :00 :15 帧,将"结束"的值修改为 0.0%,并添加关键帧；将时间线指示器移动到第 0 :00 :01 :15 帧,将"结束"的值修改为 100.0%,制作描边动画,如图 11-16 和图 11-17 所示。

图 11-16   第 0 :00 :00 :15 帧的参数设置及效果

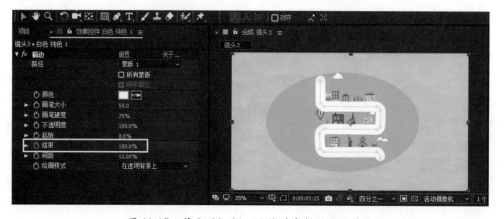

图 11-17   第 0 :00 :01 :15 帧的参数设置及效果

（4）将"路"图层的"轨道遮罩TrkMat"设置为"Alpha遮罩[白色纯色1]"，完成马路动画的制作。

3）马路上的建筑依次出现的动画

（1）选择"楼1"图层，使用向后平移（锚点）工具▦将它的锚点调整到底侧，如图11-18所示。

⇨提示

选择"楼1"图层，单击Motion 2面板中如图11-19所示的按钮，也可以快速调整它的锚点。

图11-18　调整锚点位置

图11-19　在Motion 2面板中重置锚点位置

（2）第0:00:00:15帧设置"缩放"的值为0，"旋转"的值为90°，并分别为它们添加关键帧。将时间线指示器调整到第0:00:01:15帧，修改"缩放"为100%，"旋转"为0°，制作楼房缩放动画。

（3）框选"楼1"图层的缩放关键帧，在Motion 2面板中单击EXCITE，为楼房添加弹跳效果。在"效果控件"面板中调整参数，增强弹跳效果。

（4）使用同样的方法依次调整"楼2""亭子""树1""楼3""楼4""铁塔""楼5""树2""路灯""楼6""雕塑""楼7""楼8"这13个图层的锚点位置，并在第0:00:00:15帧将"楼1"图层的关键帧和Motion 2脚本依次复制给这13个图层，使它们具有相同的动画设置，如图11-20和图11-21所示。

（5）在"时间轴"面板中选择"楼1"至"楼8"多个图层，右击，在弹出的快捷菜单中选择"关键帧辅助"→"序列图层"命令，在弹出的"序列图层"面板中选中"重叠"，设置持续时间为0:00:06:18，以保证马路上的物体依次先后出现，如图11-22和图11-23所示。

4）云彩和气球动画

（1）选择"云1"图层，在第0:00:01:05帧设置"缩放"的值为0，"位置"的值为"809.0，334.5"，并为它们添加关键帧；将时间线指示器移动到第0:00:01:

20帧，修改"缩放"为100%；将时间线指示器移动到最后一帧，修改"位置"为"1062.0，334.5"，制作出第1朵云彩移动的效果。

图11-20　复制关键帧（2）

图11-21　复制关键帧（3）

图11-22　序列图层

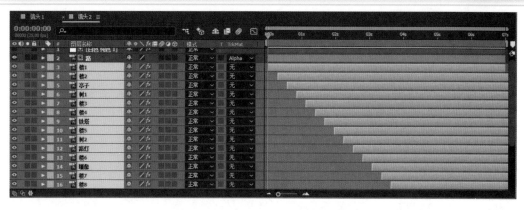

图 11-23 "时间轴"面板中的图层排列

（2）选择"云 2"图层，在第 0 :00 :01 :20 帧设置"缩放"的值为 0，"位置"的值为"1204.5，481.0"，并添加关键帧；将时间线指示器移动第 0 :00 :02 :10 帧，修改"缩放"为 100%；将时间线指示器移动到最后一帧，修改"位置"为"1016.5，481.0"，制作出第 2 朵云彩移动的效果。

（3）选择"云 3"图层，在第 0 :00 :03 :20 帧设置"缩放"的值为 0，"位置"的值为"1062.0，692.0"，并添加关键帧；将时间线指示器移动到第 0 :00 :04 :05 帧，修改"缩放"为 100%；将时间线指示器移动到最后一帧，修改"位置"为"932.0，692.0"，制作出第 3 朵云彩移动的效果。

（4）选择"云 4"图层，在第 0 :00 :04 :00 帧设置"缩放"的值为 0，"位置"的值为"1160.0，720.0"，并添加关键帧；将时间线指示器移动到第 0 :00 :04 :15 帧，修改"缩放"为 100%；将时间线指示器移动到最后一帧，修改"位置"的值为"1297.0，720.0"，制作出第 4 朵云彩移动的效果。

（5）选择"气球"图层，在第 0 :00 :02 :00 帧设置"位置"的值为"840.5，337.5"，"缩放"的值为 88%，并添加关键帧；将时间线指示器移动到第 0 :00 :02 :15 帧，修改"缩放"为 100%；将时间线指示器移动到最后一帧，修改"位置"的值为"840.5，−100.0"，制作出气球移动的效果。

云彩和气球动画的设置如图 11-24 所示。

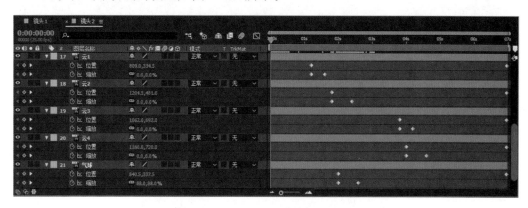

图 11-24 云彩和气球动画的设置

"镜头 2"的动画效果制作完成。

3．镜头3"北京"的制作

1）新建合成

（1）在"项目"面板中双击，导入素材文件"北京.psd"，将"导入种类"设置为"合成 - 保持图层大小"。

（2）双击"项目"面板中的合成"北京"并将其打开，按 Ctrl+K 组合键打开"合成设置"面板，将"持续时间"设置为 0 :00 :07 :00，即 7 秒。

2）马路动画

（1）选择"路 1"图层，按 P 键调出该图层的"位置"属性，在第 0 :00 :01 :10 帧为"位置"属性添加关键帧，将时间线指示器移动到第 0 :00 :00 :15 帧，将"位置"的值修改为"3100.0，934.0"。

（2）选择"路 2"图层，使用向后平移（锚点）工具■■将锚点的位置调整到如图 11-25 所示的位置。在第 0 :00 :02 :00 帧将"旋转"的值修改为 90°，并添加关键帧；在第 0 :00 :02 :20 帧将"旋转"的值修改为 0°。

图 11-25　调整图层的锚点位置

3）汽车动画

（1）选择"汽车 1"图层，在第 0 :00 :01 :10 帧将它的"位置"修改为"2088.0，916.0"，添加关键帧；将时间线指示器移动到最后一帧，将"位置"的值修改为"352.0，916.0"。

（2）选择"汽车 2"图层，在第 0 :00 :01 :20 帧将它的"位置"修改为"2060.0，916.0"，添加关键帧；将时间线指示器移动到最后一帧，将"位置"的值修改为"674.0，916.0"。

（3）选择"汽车 3"图层，在第 0 :00 :02 :05 帧将它的"位置"修改为"2114.0，916.0"，添加关键帧；将时间线指示器移动到最后一帧，将"位置"的值修改为"1047.0，916.0"。

（4）选择"汽车 4"图层，在第 0 :00 :02 :15 帧将它的"位置"修改为"2189.0，916.0"，添加关键帧；将时间线指示器移动到最后一帧，将"位置"的值修改为"1470.0，916.0"。

4）建筑物、树木及人物动画

（1）为了让这些对象的缩放动画更自然，首先要调整它们的锚点。选择工具栏中的向后平移（锚点）工具 ，依次将"天坛""长城""华表""央视大楼""大树""小树1""小树2""男""女"几个图层的锚点调整到各自图像下方中间的位置，如图11-26所示。

图11-26　依次调整各图层的锚点

（2）选择"天坛"图层，在第0:00:03:00帧设置"缩放"的值为0，并添加关键帧；在第0:00:03:10帧修改"缩放"为100%。

（3）框选"天坛"图层的"缩放"关键帧，在Motion 2面板中单击EXCITE，为该建筑物添加弹跳效果；在"效果控件"面板中调整参数，增强弹跳效果。

（4）使用和前面相同的方法将"天坛"图层的关键帧和Motion 2脚本复制给其他几个图层，"时间轴"面板如图11-27所示。

图11-27　将"天坛"的"缩放"关键帧复制给其他图层

5）文字动画

（1）选择"北"图层，将时间线指示器移动到第0:00:05:00帧，按Ctrl+V组合键将"天坛"图层的缩放关键帧复制给文字层。

（2）选择"北"图层，在第 0 :00 :05 :00 帧修改"旋转"的值为 90°，并添加关键帧；将时间线指示器移动到第 0 :00 :05 :10 帧，修改"旋转"的值为 0°，制作出文字的旋转效果。

（3）使用同样的方法为"京"图层制作缩放和旋转动画。

6）其他动画

（1）选择"飞机"图层，在第 0 :00 :03 :16 帧设置"位置"的值为"–168.0，128.0"，并添加关键帧；将时间线指示器移动到最后一帧，修改"位置"的值为"1270.0，128.0"。

（2）选择"鸽子"图层，在第 0 :00 :03 :16 帧设置"位置"的值为"–174.0，151.0"，并添加关键帧；将时间线指示器移动到最后一帧，修改"位置"的值为"630.0，151.0"。

（3）选择"白云左"图层，在第 0 :00 :04 :00 帧设置"位置"的值为"275.0，482.0"，"缩放"的值为 0，并为它们添加关键帧；将时间线指示器移动到最后一帧，修改"位置"的值为"394.0，474.0"，"缩放"的值为 100%。

（4）选择"白云右"图层，在第 0 :00 :03 :15 帧设置"位置"的值为"1217.0，332.0"，"缩放"的值为 0，并为它们添加关键帧；将时间线指示器移动到最后一帧，修改"位置"的值为"1430.0，332.0"，"缩放"的值为 100%。

镜头 3"北京"的动画效果制作完成。

镜头 4"英国"、镜头 5"法国"、镜头 6"韩国"、镜头 7"加拿大"、镜头 8"日本"、镜头 9"泰国"，这 6 个"合成"的制作方法与前几个镜头类似，不再一一赘述。

4．镜头 10"结尾"制作

1）新建"合成"

（1）在"项目"面板中双击，导入素材文件"结尾 .psd"，将"导入种类"设置为"合成 - 保持图层大小"。

（2）双击"项目"面板中的合成"结尾"并将其打开，按 Ctrl+K 组合键打开"合成设置"面板，将"持续时间"设置为 0 :00 :07 :00，即 7 秒。

2）动画制作

（1）选择"外圆"图层，取消"缩放"属性的约束比例，在第 0 :00 :00 :00 帧设置"缩放"的值为"0.0，100.0%"，并添加关键帧。在第 0 :00 :00 :05 帧、第 0 :00 :00 :08 帧、第 0 :00 :00 :11 帧、第 0 :00 :00 :13 帧、第 0 :00 :00 :15 帧分别修改"缩放"的值为"80.0，120.0%""115.0，85.0%""90.0，110.0%""105.0，95.0%""100.0，100.0%"。

选中首帧并按 Ctrl+Shift+ F9 组合键，选中末帧并按 Shift+F9 组合键，选中中间的关键帧并按 F9 键，使其产生平滑自然的缩放弹跳。

（2）选择"蓝色圆圈"图层，取消"缩放"属性的约束比例，在第 0 :00 :00 :00 帧设置"缩放"的值为"100.0，0.0"，并添加关键帧，如图 11-28 所示；在第 0 :00 :00 :05 帧、第 0 :00 :00 :08 帧、第 0 :00 :00 :11 帧、第 0 :00 :00 :13 帧、第 0 :00 :00 :15 帧分别修改"缩放"的值为"120.0，80.0%""85.0，115.0%""110.0，90.0%""95.0，105.0%""100.0，100.0%"。

选中首帧并按 Ctrl+Shift+ F9 组合键,选中末帧并按 Shift+F9,选中中间的关键帧并按 F9 建,使其产生平滑自然的缩放弹跳。

图 11-28　添加缩放关键帧

(3) 选择"人"图层,在第 0 :00 :00 :10 帧设置"位置"的值为"973.5,448.5","缩放"的值为 0,并为它们添加关键帧;将时间线指示器移动到第 0 :00 :01 :14 帧,修改"位置"的值为"868.5,540.5","缩放"的值为 100%。

选择"人"图层,在"合成"窗口中将人物的运动路径由直线修改为曲线,如图 11-29 所示。

图 11-29　修改运动路径的形状

(4) 选择"云"图层,在第 0 :00 :01 :20 帧设置"位置"的值为"-121.0,331.5",并添加关键帧;将时间线指示器移动到最后一帧,修改"位置"的值为"1264.0,319.5",制作出云朵从左向右移动的动画效果。

(5) 选择"字条"图层,在第 0 :00 :01 :20 帧设置"缩放"的值为 0,并添加关键帧;将时间线指示器移动到第 0 :00 :02 :07 帧,修改"缩放"的值为 100%。

(6) 选择"环球之旅"图层,将它的入点调整到第 0 :00 :01 :18 帧,然后为它绘制一个矩形蒙版,只显示"环球"两个文字,使用向后平移(锚点)工具 ![图标] 将该图层的锚点移动到两个文字的中心位置,如图 11-30 所示。在第 0 :00 :01 :

18帧设置"旋转"的值为16°，并添加关键帧，然后在第0：00：02：11帧、第0：00：03：04帧、第0：00：03：19帧、第0：00：04：06帧分别修改"旋转"的值为−20°、13°、−13°、0°。

选择"环球之旅"图层，按Ctrl+D组合键将其复制一层。选择新复制出的"环球之旅2"图层，修改该图层的蒙版形状，使其只显示"之旅"两个文字，并使用向后平移（锚点）工具将该图层的锚点移动到两个文字的中心位置。将时间线指示器移动到第0：00：02：02帧，按键盘上的"["键，将"环球之旅2"图层的入点设置为第0：00：02：02帧，如图11-31所示。

图11-30　为文字层绘制蒙版并调整锚点位置

图11-31　设置图层的入点

镜头10"结尾"的动画效果制作完成。

5."总合成"的制作

（1）按住Ctrl键，在"项目"面板中依次选择"镜头1""镜头2""北京""英国""法国""韩国""加拿大""日本""泰国""结尾"10个合成，拖动到"新建合成"按钮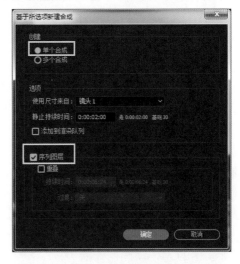上，在弹出的"基于所选项新建合成"面板中进行相应的设置，从而新建一个合成"总合成"，如图11-32和图11-33所示。

（2）选择图层"镜头1"，选择"文件"→"脚本"→Sweet.jsx命令，在弹出的Sweet面板中选择合适的转场效果，单击Make it sweet按钮，即可创建一个转场效果，

图11-32　"基于所选项新建合成"面板

如图 11-34 所示。使用相同的方法为其他图层依次添加转场效果,如图 11-35 所示。

(3) 在"项目"面板中双击,导入背景音乐,并将其添加到"时间轴"面板中。

(4) 渲染输出。

图 11-33　总合成

图 11-34　Sweet 面板

图 11-35　添加转场

📑 提示

Sweet 是一款功能强大的 MG 动画脚本,可以一键生成各种常用的 MG 元素。在使用之前,需要先将该脚本的安装文件复制到 After Effects CC 安装路径的 Scripts 文件夹。

11.4　模 块 小 结

本模块为综合案例制作,主要任务是制作一个以旅游为主题的短片,需要综合运用 Photoshop 的抠图技术、After Effects CC 软件的关键帧技术和 Sweet 脚本,重点考查学生的 MG 动画制作能力。

同时,通过扫描二维码可以观看本模块完整的教学视频,学生可以进行自主学习。

参 考 文 献

[1] 李冬芸,王一如,赵莹. Premiere+After Effects[M]. 北京：电子工业出版社，2014.

[2] 李涛. Adobe After Effects CS4[M]. 北京：人民邮电出版社，2009.

[3] 江永春. After Effects 视频特效实用教程 [M]. 3 版. 北京：电子工业出版社，2017.

[4] 张凡. After Effects CS6 中文版应用教程 [M]. 2 版. 北京：中国铁道出版社，2015.

[5] 金日龙. After Effects CC 影视后期制作标准教程（微课版）[M]. 北京：人民邮电出版社，2016.

[6] 吴葳葳,尚宗敏. 影视后期制作 [M]. 大连：东软电子出版社，2013.

[7] 古城,喇平. After Effects CC 实例教程（全彩版）[M]. 北京：人民邮电出版社，2015.

[8] 曹茂鹏,瞿颖健. Adobe 创意大学 After Effects CS6 标准教材 [M]. 北京：北京希望电子出版社，2013.